国外城市设计丛书

城市设计方法与技术

（原著第二版）

拉斐尔·奎斯塔

[英] 克里斯蒂娜·萨里斯　著

保拉·西格诺莱塔

杨至德　译

U0254195

中国建筑工业出版社

著作权合同登记图字：01 - 2005 - 3940 号

图书在版编目(CIP)数据

城市设计方法与技术 /(英)克里斯蒂娜等著；杨至德译.
北京：中国建筑工业出版社，2006
(国外城市设计丛书)
ISBN 978-7-112-08340-4

Ⅰ.城...　Ⅱ.①克...②杨...　Ⅲ.①城市规划－设计－
研究　Ⅳ.TU984.1

中国版本图书馆 CIP 数据核字(2006)第 044794 号

This edition of Urban Design: Method and Technique 2/e by J.C.Moughtin is published by arrangement with Elsevier Ltd, The Boulevard, Langford Lane, Kidlington, OX5 1GB, England.

Urban Design: Method and Techniques by Rafael Cuesta, Christine Sarris and Paola Signoretta

本书由英国 Elsevier 出版社授权翻译出版

责任编辑：程素荣　率　琦
责任设计：郑秋菊
责任校对：张树梅　张　虹

国外城市设计丛书
城市设计方法与技术(原著第二版)
　　拉斐尔·奎斯塔
[英] 克里斯蒂娜·萨里斯　著
　　保拉·西格诺莱塔
　　杨至德　译
*
中国建筑工业出版社 出版、发行(北京西郊百万庄)
各地新华书店、建筑书店经销
北京嘉泰利德公司制版
北京建筑工业印刷厂印刷
*
开本：787 × 1092 毫米　1/16　印张：11¾　字数：285 千字
2006 年 8 月第一版　　2012 年 2 月第二次印刷
定价：39.00 元
ISBN 978-7-112-08340-4
　　　　　　(21749)
版权所有　翻印必究
如有印装质量问题，可寄本社退换
(邮政编码 100037)

目　录

序　言

在本书第一版序言当中，作者曾假设可持续性发展的理念已被普遍接受，在环境领域工作的大多数科学家恐怕也都有这样的共识。然而，美国现政府好像还没有领会到可持续性发展的理念，他们拒绝签署《京都议定书》(Kyoto Protocol)，由于他们的干扰，最新《环球议案》(Earth Summit)也没有达到科学家所期望的目标，即消除污染、改变气候的有害变化进程和保护脆弱的全球环境。《持怀疑态度的环境学家》(The Skeptical Environmentalist)（比约恩·隆博格，牛津大学出版社）一书的出版，使美国政客及其盟友所谓的"正确观点"更有了几分可靠性。但是，隆博格在书中所提出的关于全球环境的乐观观点却遭到了许多著名环境学家的反对。例如，2002年1月，《科学美国》杂志发表了《环球误导理念》(Misleading Math About the Earth)一文，对隆博格的观点进行了批驳。在英国，实际上是整个欧洲，可持续性发展理念仍然是城市规划的主要目标。福克纳勋爵(Lord Faulkner)在回应对《规划绿色宣言》(Green Paper on Planning)的批评时，承诺在未来的规划议程中要更多地关注可持续性发展的问题。对于某项政策或发展战略，只有当科学界认为是安全的，且对每个人都不造成严重影响的时候，才可以去实施，也才会尽可能地减少对脆弱的全球环境的压力。本书以及本系列丛书中的其他各册将继续支持环境设计的"预防性原则"，这一原则是可持续发展的理论基础。

该系列丛书的第一册——《城市设计：街道与广场》已于1992年出版发行。自那时以来，城市设计的理论和实践都有了新的发展。本书的第一版发行于1999年。经过几年的时间，城市设计的发展已经注入了新的活力，客观上需要一个新版本的出现。罗杰斯勋爵在其报告以及1999年出版的《城市任务之源：面向城市再生》一书中提出的许多观点，已被地方政府所吸纳。他的这些观点也是对规划绿色宣言——《规划：根本性的变化》报告的回应。该报告是由前交通、地方和区域部于2002年提出的。《绿色宣言》中的许多观点如能付诸实施，就有可能产生创造性的规划体系，城市设计也将被提升到城市工作的中心地位。

自20世纪90年代初期以来，城市开发和城市规划发生了许多变化，加进了不少规划设计技巧方面的东西。现在，较大范围的城市结构重建也被包括进城市的规划任务之中。如果《规划绿色宣言》中的观点能够付诸实施，城市设计师的工作负荷必然会加大，工作范围更广，属于其他行业的一些工作也可能被包括进来。从某程度上说，城市设计可简单地定义为城市设计师所从事的工作。然而，在有关城市设计的一系列丛书中，城市设计的中心意思是指大型城市板块、城市分区和小区的规划设计。很明显，大型城市区域（如大型城市板块）的规划、设计和开发需要从事城市开发的其他行业的专业人士参与。这里还得再强调一下，城市设计所关心的最主要的问题是创造具有高质量环境的、可持续性发展的城市。然而，本书中所介绍的方法具有普遍性，可适用于许多城市设计领域。

与第一版相比，本书的变动主要有四个方面：在第二章"项目协商"中包括了更新改造动机、土地整合和开发成本方面的内容。在第四章"分析"中加进了计算机在城市设计中的应用一节，重点介绍了地理信息系统和空间结构在城市设计中的应用。在第六章"项目评价"中充实了最新环境影响评价材料，并专门用一节的内容来突出介绍项目的财政评价。最后，在第八章"项目管理"中增加了一个实例，以说明项目管理在城市设计中的应用。

克利夫·芒福汀

作者简介

克利夫·芒福汀是一名城市设计顾问。他拥有建筑与规划专业学位，荣获贝尔法斯特女王大学（The Queen's University）哲学博士学位，曾以建筑师和规划师的身份在发展中国家工作多年。他历任贝尔法斯特女王大学和诺丁汉大学教授，著书颇多。其中包括1985年由Ethnographica出版的"Hausa Architecture"以及由Butterworth-Heinemann的建筑出版社出版的三本最新的《城市设计》（Urban Design）系列丛书。

拉斐尔·奎斯塔是一名公共部门的规划经理，在运输规划和城市开发方面颇有经验。他曾在挪威学习自然资源管理课程，先后取得了雷丁大学产业管理学院工程管理专业和诺丁汉大学环境规划专业硕士学位。目前在伯明翰和韦斯特·米德兰兹（West Midlands）负责公共运输政策纲要的开发与实施。他先前曾致力于诺丁汉高速运输项目的开发与实施，并一直担任诺丁汉大学规划研究学院环境影响评估专业的特设讲师。

克里斯蒂娜·萨里斯曾获得德比大学土壤与生物研究专业以及诺丁汉大学环境规划专业的硕士学位，她的研究重点是提出开发与重建的主要场所，并将之列入城市设计原则和公认的开发控制惯例中。她与公共部门在开发调控方面合作前景广阔，目前正带领团队从事与诺丁汉城市委员会有关的工程项目。

保拉·西格诺莱塔现为诺丁汉大学地理学院研究协会会员。她拥有意大利雷焦卡拉布里亚大学城乡规划学位和诺丁汉大学哲学博士学位，多年来，她以研究会员的身份在设菲尔德大学的设菲尔德中心从事地理信息与空间分析的研究工作，对于GI技术在社会科学研究的应用方面积累了丰富的经验。

致　谢

　　作者特别要感谢 Leverhulme Trust，他为包括在本书里的克利夫·芒福汀的作品最终出版提供了大量的财政支持。衷心感谢建筑与社会住宅基金会 (The Building and Social Housing Foundation) 对纽瓦克公共参与实践的资助以及 Reverend Vidal Hall 和 Dan Bone 对该项目的杰出贡献。M·霍普金斯及其合作人和诺丁汉大学提供了有关新大学校园的信息；盖尔和斯诺登为萨里的终身教育 (permaculture) 项目提供材料，Derek Latham 有限公司提供了他们自己所从事的项目"德比铁路住宅区"的一些情况，作者在这里一并表示感谢。作者还要感谢莱斯特城市委员会、诺丁汉郡委员会和诺丁汉市，它们也为本书的出版做了大量的准备工作。并向 Kirsten Arge 和 McMahon Mougntin 致谢，她们分别为致力于挪威可持续发展建设的人们和精心编辑书稿做了大量的工作。

第一章 定 义

导 言

　　本书的主题是城市设计方法，着重介绍城市设计方法学中的技术问题，以实现城市的可持续发展。"方法"在词典上的定义涉及几个关键词，即过程、系统、有序排列以及作为最终产品的清楚界定的目标等。《牛津简明英语词典》给出的定义是："实现某一目标的过程"、"思维活动过程的一种特殊形式"或者"做事的方法，特别是按一定计划的做事方法"。[1]《美国传统词典》(*The American Heritage Dictionary*) 给出的定义更简单："某一学科或领域在行为或技术方面的特征"——方法。[2] 本书就以此定义作为论述的起点。显然，这里所说的方法包括三个方面的概念，即过程、目的和规划。"技术"一词来源于艺术。它是这样定义的："正式演出或平时训练时的艺术表现形式（与一般的效果、表现和感觉相区别）；艺术，特别是美术表现技巧……"。[3] 这就是说，技术是与特定的任务相联系的，而方法则不同，它是一个完整过程的描述。《美国传统词典》对技术的定义与城市设计的特性关系密切："完成一项复杂任务或科学工作的系统过程"。[4] 在本书标题和正文中所使用的"技术"一词，是指在城市设计各阶段中采用的一整套方法手段。而"方法"则是指城市设计过程中的结构和形式。

　　由本书的书名会很容易联想到"方法学"和"技术学"这两个单词。但本书不是有关方法学和技术学的专门著作，虽然这两方面的内容在书中都会涉及到。方法学是"有关方法的科学，是关于方法的论述或评断"。[5] 关于方法论方面的内容本章进行了概述性的介绍，并对在规划和建筑学中所采用的一些综合性的方法进行了分析评价，从而为可持续性城市设计提供了多种可供选择的设计方法。技术学的定义是："用作专门艺术或科目的术语，[6] 或者科学理论的实际应用，特别是用于工业和商业目的……以及达到这种目的所采用的整套方法和材料"。[7] 从某种程度上说，书中所列出的技术菜单可看作是城市设计技术。但是，这里所指的城市设计技术又是经过进一步限定的。作为城市设计技术的范例，书中采用了霍华德（Howard）的"花园城市"理念。[8] 与本书的目标相配合，城市设计技术包含了各种主要的设计要素和概念，用以解决与城市发展相关的各种问题。除"花园城市"理念以外，城市设计技术还包括了诸如"城市村庄"、"城市交通廊道"的概念。这些理论在第五章"创造性选择"中有详细介绍。

城市设计目标

城市设计的目标主要有三个：即结构合理、功能完善，同时又能使人们感到愉悦。享利·沃顿（Henry Wotton）先生将建筑的功能定义为容纳、坚固和愉悦。[9] 与它的姐妹艺术建筑一样，城市设计也具有三个方面的特征，即使用性、耐久性以及为使用者带来幸福和情感满足的特性。总起来说，城市设计方法和设计技术都是为了实现上述三个相互关联的目标。然而，本书并不能涵盖城市设计技术的所有方面。例如，城市结构设计和城市基础设施工程建设就不作详细论述。有关城市设计法规方面的问题本书也不涉及，虽然它对设计方案的实施非常重要。毫无疑问，城市设计涉及的内容很广泛，是多学科、多因素的综合，这也正是未来城市设计的发展趋势。然而，本书是建立在系列出版物中前二卷之上的。第一卷是《城市设计：街道与广场》，第二卷是《城市设计：美化与装饰》。基于前二卷书中提出的城市特征性设计理念，本书重点论述了城市设计技术方面的问题。[10] 系列出版物中的第三卷——《城市设计：绿色尺度》是本书所涉及的城市设计方法和技术的基础。[11] 城市开发对城市可持续性发展的影响评价是本书重点关注的内容之一。可持续性发展已成为当今城市设计的社会基础。当今所面临的社会压力主要是全球范围内的环境危机。同时，环境危机也为城市设计指明了目标，提供了新的设计手段。

有些国家还没有认识到环境危机给人类带来的危害有多么严重，美国现任行政当局就是其中之一。世界上的主要污染源和珍稀资源的消费者美国拒绝签署《京都议定书》。正是由于美国及其同盟国的反对，最新的《环球议案》才没有达到科学家所期望的目标，即防止气候变化和保护脆弱的全球环境。《持怀疑态度的环境学家》一书[12]（参见《科学的美国人》[13]）渗透了一些美国政客所谓的"正确"观点。该书的出版使人们对当前全球环境状况增添了几分信心。但是，隆博格在书中所提出的关于全球环境的发人深思、乐观自满的观点却遭到了许多著名环境学家的批驳。关于隆博格观点的详细评判，请参见《城市设计：街道与广场》第七章。[14] 在英国，实际上是整个欧洲，可持续发展仍然是城市设计的主要目标。福克纳爵士在回应对《绿色规划论》一书的批评时，允诺在未来的规划议程中将增加更多可持续发展的内容。[15] 当科学界认为某项政策是安全的、对环境中的每个人都是无害的时候，我们才可以制定城市开发规划。只有这样做，才是明智的，才可以最大限度地减少对这个脆弱的全球环境的压力。可持续性是"包容"的重要内容之一。所谓可持续性，就是城市的发展，不破坏它的物质环境，同时又能维持城市社会经济结构的正常运转。追求高质量的城市环境，必然要追求可持续性发展的城市结构。可持续发展与高质量的城市环境这两个目标相互依赖、相互支持。因而，本书的目的就是要探索既能持续性发展，又具有高质量城市环境的城市设计方法和技术。新世纪之初，城市设计应力求去除人们对全球环境恶化的担心，在可持续性发展的框架下，优先考虑环境因素，按保持高质量环境的要求进行城市设计。

人们似乎一致认为，解决全球性的问题需要制定和采取相应的政策，并设立可持续性发展专门研究项目。追求高质量环境下的可持续性未来城市也需要制定合理的政策和设立相关的专门研究项目，把那些导致非持续性发展和造成环境恶化的因素筛选出来加以分析研究。无污染和能量的高效利用就是可持续性发展总议程中的重要内容。

本书就是要探讨达到这一目的的城市设计方法，以及按可持续发展标准进行评价的大型城市设计项目的设计和评价技术。

可持续性发展一般可接受的定义是："既能满足当代人的需要，又不损害后代的需求"。[16] 这一定义有三个关键概念：发展、需要和后代。发展不能与增长相混淆。[17] 增长是经济体系在物质或数量上的扩张，而发展是一个质量性的概念。发展关心的是文化、社会和经济诸要素的改进或进展。"需求"这一术语引进了资源分配的概念：满足所有人的基本需要，并提供一切可能的机会满足人们改善生活的愿望。[18] 这只是良好的愿望而已。实际上，在第三世界国家，人们的基本生活需要是满足不了的，而某些富裕国家则能更有效地追求他们的愿望。富人的许多奢侈品都被看作是生活必需品。自然地，如果既要满足发达国家富人的生活标准，又要满足不发达国家和发展中国家人们的生活需求，那么就不得不以牺牲环境为代价。选择就是不可避免的。满足人们的需要和愿望要么是政治层面的，要么是道德层面的，要么就是社会伦理方面的。可持续性发展意味着一场巨大的社会公平运动，涉及道德方面，也包括实际生活需求。对于不同的社会集团内部及其各社会集团之间付出与收益分配的评价技术是评价社会发展效果的基本工具，并且构成了评价可持续性程度的基础。

可持续发展的定义将公平的概念延伸到了后代。它引进了存在于两代人之间公平的概念，即"我们有道义上的责任照顾好我们的星球，并把它以良好的秩序交给后代"。[19] "管家"的概念起源于1972年召开的联合国人类环境会议。[20] "管家"的含义是指人类在这个星球上所扮演的角色，不仅要照料好这个地球，而且还要找出一条既能使人类受益，又能使自然系统受益的途径。人类被看作是未来后代的监护人。因而，社会发展的目标就不能仅仅是维持社会现状，而是还要考虑到向后代移交一个更好的生活环境。这在那些环境受到破坏或发生社会掠夺性行为的地区尤为重要。要避免对环境的不可恢复的损害，就要限制对环境财产的破坏，保护重要的栖息地，保护高质量的自然景观，保护森林和不可再生资源。

若应用上述原则，就得为环境保护付出一笔额外的费用，也就是说所有的开发计划都要把环境成本考虑进去。各项活动的真正成本，不管是否能够按照市场规律进行定价，都应该按照一定的规划或市场规律，由专项开发计划来支付。保护后代的生存环境需要引进最低环境投资的概念。所谓最低环境投资，就是维持地球上主要环境支持系统正常运行所需要的投资，诸如大江大河河口的保护、可再生资源如热带雨林的保护等。确定最低环境投资不是一件容易的事。但有一点是明确的，那就是"当前环境恶化和资源耗竭的速率远远超过最低的环境承受水平。[21] 也许可持续性发展的界限难以确定，但它可以引导消费方向，以避免突破环境容许的界限。遇有怀疑或不确定的情况时，应用这些预防性的原则，可以明了有利于可持续发展的城市发展模式，或者更准确地说，减少非持续性发展的风险。本书第六章所论述的基于对环境的精确监测而建立起来的环境评价技术，是城市设计师进行可持续性城市设计的基本工具。

总之，格罗·布伦特兰（Gro Brundtland）提出的可持续发展的定义体现着代内平等和代间平等两重含义。其前提是，在不断发展的框架下，保护地球的环境支持系统。[22] 正如布伦特兰所指出的，没有高度民主制度的参与，追求可持续发展就会面临许多困难。只有作为自然人的个体和作为社团的个体参与到决策制定和开发实施过程中来，才有可能避免不可持续性开发的发生。个人和社区都拥有城市开发权。这种权力通过参与开发而体现出来。从事可持续性设计的城市设计师必须在应对公众参与的过程和技术方面有所擅长。由于引导公众参与的技术涉及到城市设计过程的各个阶段，所以本书在许多章节中都有提及。

追求可持续性发展就是给出了城市设计的社会目标，并贯穿于整个的设计过程，与其相关联的就是创造具有美学特性的良好环境。城市环境质量的概念已在有关材料中详细论述过。[23] 本书在介绍城市要素调查与评价所采用的调查类型时也提到了环境质量问题。第三章论述的是与城镇分析相关的技术问题。各章节之间相互关联，构成了一个完整城市设计的框架。城镇分析包括了土地利用、适度开发、就地取材、与人类相适应的建筑与空间的创造，以及带有地区特征的色彩和装饰搭配等内容。

城市设计方法与公众参与

公众参与在城市可持续性设计和实践过程中是一个关键因素。乍一看起来，城市设计的公众参与似乎很简单，但如果与某一特定的参与形式和设计过程的每一个阶段相联系，就不那么简单了。本书介绍的公众参与技术基于《城市设计：街道与广场》[24] 的第一章，那里有更详细的介绍。

城市设计，或者说城市建造艺术，是指人们创造一个已建成环境的方法。这个新环境体现了人们的愿望，代表了他们的价值观念。为了我们的后代，照料好我们的自然环境和建成环境已成为日益重要的价值观念。因而可以说，城市设计就是人们利用不断积累的技术知识，以可持续性的方式控制和适应环境，满足社会、经济、政治和精神等方面的需求。学习城市设计方法和使用城市设计方法的目的，就是要解决城市建设过程中所遇到的各种问题。因此，城市作为人类物质文化和精神文化的要素之一，是人类精神文化和物质文化的最集中体现。城市设计研究的中心是人类本身，包括人的价值观、愿望以及实现价值和愿望的能力。城市建造者的任务，就是理解并以建成的形式把客户群体或公民的需求和愿望表达出来。城市设计者如何最大限度地满足社区的需要？设计师如何才能保证其最终产品无论是在文化上，还是在可持续发展上都是可以接受的？采用什么样的方法和技术才能达到这些目标？还有许多相关问题需要城市设计师加以考虑。城市设计师所应具有的技能之一，就是设计和使用公众参与技术菜单，并把它融入设计过程之中。这些技术不仅包括建立起基本文化数据的人类学研究，以及由非正式技术，如展览、出版物和其他媒介手段所进行的用户研究和规划调查，还包括行政管理部门的规划要求和公众咨询等。公众观点可通过公众集会或选举过程获得。在选举过程中，可以将有关规划的内容加入到选举纲领里。最后，还有一些更为活跃的参与形式，如社区设计演练、社区管理和控制的自我设计等。

城市设计过程

RIBA 设计手册将设计过程分为四个阶段：

1）同化吸收阶段。主要包括一般性资料的搜集和专题性资料的搜集。

2）总体研究阶段。探索所存在问题的特性及其可能的解决方法。

3）设计阶段。针对存在的问题提出一种或多种解决方案。

4）交流阶段。将设计方案提交客户征询意见。[25]

马库斯和马韦尔（Markus and Maver）关于设计方法的描述又有些许改进。他们认为，设计师须经历一系列相互关联的决策过程，形成一个可以清楚定义的决策序列，[26]即分析、合成、评价和决策。随着设计的逐步深入，这一决策序列可以反复使用（图 1.1）。分析阶段要明确设计目的，确定资料搜集方式；合成阶段要创建设计思想。根据既定的目标、成本和其他相关条件对候选方案进行评估。在评估的基础上确定最终设计方案。然而设计过程并不是简单的直线进程，各阶段之间需要不断地进行回复循环和反馈。

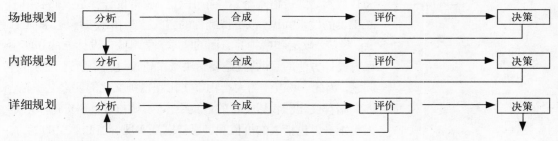

图1.1 建筑学方法

单体建筑的设计过程可以延伸到城市设计、城市和区域规划当中（图 1.2）。在这种情况下，上层设计应能对下层进行控制，如区域规划控制乡镇规划。在规划设计链中，当每一个环节的设计都与其相应的环境因子相适应时，这一设计才最有意义。比如在城市设计中，规划的建筑物必须符合上一层的城市总体结构和地区总体规划。但这也并不是说，设计过程就是简单的由大范围到小范围的过程。必须指出，每个单个建筑对城市中的某个小区都会产生影响，小区的设计又会对整个城市产生影响。在图 1.2中可清楚地看到，在区别明显的相邻界面之间存在回环。

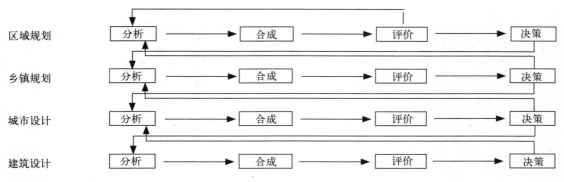

图1.2 复合规划设计过程

到现在为止，在有关设计方法的探讨中，还没有正面涉及设计理论方面的问题。实践只有用理论作指导，并上升到理论高度，才具有更重要的价值。城市设计中各种问题的解决、城市空间的组织以及城市功能、城市结构和可持续性发展之间的关系等，都有相应的理论依据。本书把这些概念都看作是城市设计技术。我们先看看一般的科学方法，以帮助我们更好地理解设计中的有关概念及其与设计理论的关系。图1.3展示了科学研究的一般过程。在这一过程中，主要的信息组成有五部分，各部分之间通过六组技术措施实现关联和转化。[27]信息组构成了与研究地区相关的理论框架，也就是对研究对象所作的各种理论假设。观察组与特定的环境和特定的主题相关联。信息组中的第四个环节是在观察的基础上得出的经验理论。最后是决策环节。是否接受所作的理论假设在这一环节决定。在图1.3中，长方形框中的是信息组分，椭圆形框中是有关技术方面的六个组成部分。首先，通过演绎推理提出理论假设，然后根据这一假设进行资料的观察搜集，用各种仪器以及缩放、采样等手段对假设进行解释验证。通过对研究对象的观测评估和对样本材料的分析总结形成经验理论。反过来，再用经验理论对假设进行验证。通过验证进入信息环节的最后一步，即决定假设是否合理。最后，通过逻辑推理对所提出的理论假设进行验证、修改和取舍，并提出新的理论假设。

图1.3中给出的一般科学方法清楚、准确且系统完整。但对于特定的研究对象并不必严格按照上面的步骤进行。有的环节可以重点研究，有的环节可以省略。在实际工作中，不少学者是凭直觉而不自觉地运用这些科学方法的。

图1.4给出的是适合城市设计需要的研究设计过程。可以从三个切入点进入这一设计循环。

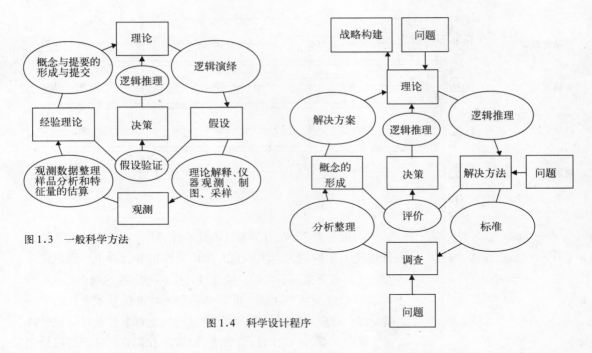

图 1.3　一般科学方法

图 1.4　科学设计程序

第一个点是从发现问题和提出问题切入的，也就是一般科学研究方法的假设阶段。第二个切入点是从现场调查和数据资料的搜集开始的。但一般情况下是先对所存在的问题进行理论分析，然后按图 1.4 的步骤沿顺时针方向逐步展开。不过，这不是一成不变的，也可以对所发现的问题直接提出解决办法或直接进入数据资料的收集。当然，这样做的时候都需要有一些基本设计理论作指导，而不管这些理论是正式的，还是非正式的；是清楚的，还是不清楚的，只有建立在理论基础之上，设计才能合理一致。

科学研究方法的核心是发现问题和找出问题，设计艺术也是如此。但是，创造性设计不仅仅是对问题的解释。曾经有一个学派认为（但现在不像过去那样流行了），好的设计就是用适当的方法将设计方案简单明了地表达出来。极端方法学派认为，通过对问题的分析研究和对各种解决方案的分析评价，必定会找到最佳解决方案。然而，在综合性设计中，设计之初往往不能一下子就抓住关键性的问题，收集到相关资料或提出各种可能的解决方案。极端方法学派对大多数综合性城市设计所面临的问题的特性，以及城市设计将要带来的环境的改变缺乏深入的了解。在城市设计中，大多数问题是在设计方案的提出和设计方案的比较中才发现的。然后，对发现的问题重新进行定义和研究，进入新一轮的"调查—评价—方案"循环阶段。

设计过程不是直线式的，而是在发现问题与寻求解决方案的相互碰撞中辩证发展的。劳森（Lawson）认为，"很明显，鉴于城市设计的特性，设计师不可避免地要把大量的精力花在发现问题和找出问题上。现代设计理论的中心，就是问题及其解决方案同时出现，而不是按逻辑顺序一个接着一个出现的"。[28]按照劳森的观点，问题的特性只有随着设计的进展才能逐渐显现出来。劳森继续说道："既然发现问题和提出问题的解决办法不是逻辑相关的，那么城市设计就需要高水平的创造性思维"。[29]像其他许多设计一样，城市设计需要创造性思维。但这也不是说科学调查不需要创造性思维，或者设计方案不能通过理论推理来提出。设计过程的一个重要特征，就是通过对候选方案或部分解决方案的分析和研究，探索所研究的问题的实质。

城市设计过程的基础是设计理念和设计方法的提出。已有的设计理论是设计理念产生的重要来源，但绝不是惟一来源。离开了演绎推理等方法，照样能产生新的设计理念。艺术和有创造性的设计师常常应用类比推理的方法进行设计。类比推理是创造性设计师的得力工具。它可以防止大脑思维障碍，缩短设计历程。面对一个老问题，等待思维产生火花，想出解决办法，效率很低，也是很耗费时间的。类比推理可以看作是一辆具有某种功能、经历一定的运动，并与周围环境发生关系的机动车。这种功能、运动和关系可以转化为所要考虑和研究的问题。[30]用最新的观点来看，类比推理也不是设计师发现问题和寻求解决方案的惟一途径。设计理念也可通过横向思维过程来提出。横向思维和类比推理设计方法将在第五章中详细讨论。

城市设计方法是一个重复循环的过程，与一般的规划方法有许多共同之处，也就是遵循帕特里克·格迪斯（Patrick Geddes）的格言："调查、分析和规划"。[31]在此基础上，学者们又插入一些中间步骤，对格迪斯的方法进行了扩充。格迪斯的基本设计方法见图1.5。

在上述规划过程中，经常会出现循环往复的过程。比如，对一个方案进行评估后，可能需要重新确定目标，收集数据，或者用不同的方法对数据进行分析。城市设计方法与上面的规划过程很相似。但是，本书的内容组织形式却是直线式的，从目标的确

图1.5　规划过程

定到各种设计技术的采用,沿着一个方向展开。这种组织形式不能体现出城市设计的广度和复杂性,但它却便于叙述和讲解。

与规划一样,城市设计也有许多设计流派。赫德森(Hudson)将常用的设计流派归纳为五种,[32] 即大纲式(Synopic),递增式(Incremental)、交易式(Transactive)、赞同式(advocacy)和理性式(Radical),下面分别简述这五种方法的主要内容。

大纲式。大纲式起源于理性主义和使用主义哲学。从对城市问题分析入手,逐步提出各种可供选择的方案,然后进行比较筛选,最后确定设计方案。如何搜集组织资料和使用资料,在该法中占重要地位。本书所介绍的是折中大纲式设计方法,即"有限理性主义"。因为对于给定的设计对象,要想把有可能的设计方案都找出来是不可能的。还可以把劳森的设计思想加进该方法中,即通过对话的形式对某些问题进行问卷式调查。

递增式。递增式起源于自由主义和社会学习理论。该学派认为,在公认价值观的基础上,不可能确定明确的规划目标。只能针对规划对象采取有限的行动,类似于场地规划。好的递增式规划,不强调是否达到目标,而着重强调规划方案的可行性和关键决策者的认可程度。

交易式。交易式强调规划师与规划区域受到影响的公众之间的相互学习和对话。它寻求建立分散式城市结构。居住在其中的公众对该区的社会发展和社会福利事业有较强的控制能力。按照哈德逊的理论,交易式规划只关心规划对公众本身所带来的影响,比如对公众的自尊心理、价值观念、行为方式以及共同发展的影响等。[33]

赞同式。正如其名称所表明的,在赞同式规划中,规划师变成了各种不同群体的代言人,提出数个具有竞争性的提案供公众选择。该学派认为,赞同式规划更容易听到少数群体的意见,进而也就使更广大的公众对规划提案有更好的了解。[34]

理性式。理性式规划主要有两种类型。第一种源于无序社会思潮,强调规划的非向心性,并适当选择一些社会组织和团体对规划方案进行验证;第二种类型更多地考虑规划要素在结构上的安排布局。它以马克思主义为导向,强调社会经济体系对不同阶级所产生的影响以及规划在阶级斗争中的地位和作用。环境保护主义者属于第一种类型。马克思主义理性式规划认为,社会生产是为了满足社会需求,而不是以营利为目的,强调政府对生产方式和生产手段的控制。

按照可持续性发展要求,奈斯(Naess)对这五种规划系统进行了分析比较。[35] 他所采用的标准是:

1) 规划在全球和国家范围内对长远环境质量的影响程度，以及在不影响后代需求的情况下对现有自然资源经营管理的影响程度。

2) 规划对区域环境保护的影响程度。

3) 在不受国籍的类群限制的情况下，规划对基本生活必需品的运输和分配的影响程度。

4) 规划对社会发展的促进程度，或者减少政治纷争，特别是少数团体政治纷争的程度。

5) 按照可持续性发展标准，是否有利于今后规划的改进。[36]

表1.1是奈斯的评价结果。按照可持续性发展要求，每一种理论都有其有利和不利的方面。假设社会的政治控制能力强，有较强的可持续发展的愿望，那么最适合大纲式规划。而大纲式规划也是本书所给出的许多规划方法的哲学基础。大纲式规划还特别有利于全球和国家范围内环境的保护和社会福利的公平分配。其缺点主要在于，在实际实施过程中往往忽略区域上的需要，特别是区域资源和环境保护的需要。这一点在英国很明显。在大纲式规划占主导地位的英国，进行道路和机场建设时，往往就完全忽视当地民众和团体的反对和抗议。社区活动者的意见显得微不足道。

表1.1　五种规划理论优缺点分析，涉及促进可持续发展的不同方面

	全球／国家 环境资源	区域 环境	物质 分配	公民政治 权利	社会结构 改变潜势
大纲式	(+)	(−)	(+)	(−)	?
递增式	−	−	−	(+)	−
交易式	(−)	(+)	(+)	+	+
赞同式	?	+	(−)	+	+
理性式	+	?	+	−	+

+，通常很适合；(+)，在某些情况下适合；?，作用含糊不清；(−)，可能有负作用；−，通常有负作用

递增式规划不利于实现社会共同利益，比如全球或国家范围内的环境保护等。它也不利于社会资源的公平分配，而这恰恰是可持续发展的一个基本要求。交易式规划不得不舍弃一些保护全球环境的措施，导致社会财富在全球环境保护上的分配不公。交易式和赞同式规划有利于区域环境的保护。有了社区的参与，赞同式规划特别支持维护公民的政治权利，这一点在可持续发展理论中是非常重要的。它的缺点是视野狭窄，对全球环境和全球资源的公平分配关心不够。马克思主义规划理论在保护公民的政治权利方面具有严重的缺陷，而且许多憧憬共产主义的社会主义国家在保护环境方面都有不良记录。理性规划的主要优势，就是能够对规划中所面临的环境问题给出一个解决框架。[37]理性环境保

护主义者把地球看做是一个自给自足的村庄的理念,为可持续发展理论的争论注入了新鲜血液。

从某种程度上说,对于某个具体的规划对象,这些预先设定标准的规划理论只能作为根据公共理念所选择的规划方法的一种补充。同一项规划任务或同一项城市设计,以及不同的规划方式之间也是可以相互比较、相互补充的。当奈斯说到"应尽可能地采用大纲式规划"[38]时,他所面对的听众不仅仅是其挪威同行,而是一个范围更广的听众群体。但是,奈斯还建议,规划的实施应尽可能逐步进行。只有这样,前面的经验才可以为后面的实施和改进提供借鉴。在大纲式规划框架和目标下加进一些适当的公众参与环节,也是一种明智的选择。公众在参与过程中,不能仅靠"口头表述",还应有书面、图面等多种形式。"口头表述"会产生误解,甚至被一些别有用心的人所利用,导致整个规划开发方案的搁浅,而一些对当地情况非常熟悉的公众的参与却往往会激发出真正的规划火花。如上所述,大纲式规划是实现可持续发展的较好选择,本书支持并采用大纲式规划。

第二章的内容主要包括城市设计中问题的定义、设计说明的写作、方案的提出和协商、方案改进的动力源泉、土地分类、开发成本,以及规划开发过程中可能遇到的各种问题。第三章主要讲述城市规划中的调查测绘技术,覆盖场地调查(包括场地的历史变迁)、城镇景观分析、城市市域界定、城市向周围的渗透和视觉分析等方面。包括 SWOT 分析和限制,以及机会图谱分析在内的问题分析技术、计算机在城市中的应用,特别是地理信息系统和空间构型技术在预测预报和图形绘制方面的应用等内容,将在第四章中讲述。第五章主要讲述如何提出规划设计方案。主要内容有设计思想和环境生态问题的讨论、类比方法、大脑风暴法、边际思考法以及作为一种思想源泉的历史材料的应用等。本章特别关注与可持续发展相关的思想和理念。对各种候选方案的评价技术将在第六章讲述。对主要设计方案进行评估的目的,是促进城市的可持续发展和促进社会平等。如此一来,损失与收益的分配就应包括在项目评估当中,并应能清楚地确定获益者和损益者。因而除环境分析评估以外,本章还涉及到社会经济评估,如成本—收益分析、项目的财政评价等。第七章主要讲述设计思想和设计理念的交流,包括报告陈述技巧和个案研究等。第八章主要讨论规划方案的实施,用项目管理中的建设、监理和反馈手段对整个设计过程进行总结。第九章对前面各章的内容进行总结,并提出了一些有待解决的问题。

参考资料：

1　Little, W. *et al.* (revised by C.T. Onions) (1952 reprint) *The Shorter Oxford English Dictionary*, Vol. 1, Oxford: Clarendon Press (first published in 1933) p. 1243.

2　Morris, W. (ed.) (1973) *The American Heritage Dictionary*, New York: Houghton Mifflin, p. 826.

3　Little, W. *et al.*, *op. cit.*, Vol. 2, p. 2140.

4　Morris, W. (ed.) *op. cit.*, p. 1321.

5　Little, W. *et al.*, *op. cit.*, Vol. 1, p. 1243.

6　Little, W. *et al.*, *op cit.*, Vol. 2, p. 2140.

7　Morris, W. (ed.) *op. cit.*, p. 1321.

8　Howard, E. (1965) *Garden Cities of Tomorrow*, London: Faber and Faber.

9　Wotton, H. (1969) *The Elements of Architecture*, London: Gregg.

10　Moughtin, J.C. (1992) *Urban Design: Street and Square*, Oxford: Butterworth-Heinemann, and Moughtin, J.C., Oc, T. and Tiesdell, S. (1995) *Urban Design: Ornament and Decoration*, Oxford: Butterworth-Heinemann.

11　Moughtin, J.C. (1996) *Urban Design: Green Dimensions*, Oxford: Butterworth-Heinemann.

12　Lomborg, B. (2001) *The Skeptical Environmentalist*, Cambridge: Cambridge University Press.

13　Scientific American, (2002) Science defends itself against the skeptical environmentalist, *Scientific American,* January.

14　Moughtin, J. C. (2003) *Urban Design: Street and Square*, Oxford: Architectural Press, 3rd edition, Chapter 7.

15　Department of Transport, Local Government and the Regions (2002) *Planning Green Paper, Planning: Delivering a Fundamental Change*, DTLR. See also Planning (2002) Sustainability to be at heart of new system, *Planning,* 22nd March.

16　World Commission on Environment and Development, (1987) *Our Common Future: The Brundtland Report*, Oxford: Oxford University Press.

17　Blowers, A. (ed.) (1993) *Planning for a Sustainable Future*, London: Earthscan.

18　World Commission on Environment and Development, *op. cit.*

19　Department of the Environment (1990) *This Common Inheritance, Britain's Environmental strategy*, CM 1200, London: HMSO.

20　United Nations (1972) *Conference on the Human Environment*, New York: UN.

21　Elkin, T. and McLaren, D. with Hillman, M. (1991) *Reviving the City*, London: Friends of the Earth.

22　*Ibid.*

23　Moughtin J.C. (1992) *op. cit.*

24　*Ibid.*

25　RIBA (1965) *Architectural Practice and Management Handbook*, London: RIBA.

26　Markus, T.A. (1969) The role of building performance measurement and appraisal in design method, in *Design Methods in Architecture*, eds G. Broadbent and A. Ward, London: Lund Humphries. See also: Maver, T.W. (1970) Appraisal in the building design process, in *Emerging Methods in Environmental Design and Planning*, ed. G.T. Moore, Cambridge, MA: MIT.

27　Wallace, W. (1980) An overview of elements in the scientific process, in *Social Research: Principles and Procedures*, eds J. Bynner and K.M. Stribley, Harlow: Longman.

28　Lawson, B. (1980) *How Designers Think*, London: Architectural Press.

29　*Ibid.*

30　de Bono, E. (1977) *Lateral Thinking*, Harmondsworth: Penguin.

31　Geddes, P. (1949) *Cities in Evolution*, London: Williams and Norgate.

32　Hudson, B.M. (1979) Comparison of current planning theories: Counterparts and contradictions, *Journal of the American Planning Association*, Vol. 45, pp. 387-398.

33　*Ibid.*

34　Davidoff, P. (1973) Advocacy and pluralism in planning, in *A Reader in Planning Theory*, ed. A. Faludi, Oxford: Pergamon Press, pp. 139-149.

35　Naess, P. (1994) Normative planning theory and sustainable development, *Scandinavian Housing and Planning Research*, Vol. 11, pp. 145-167.

36　*Ibid.*

37　*Ibid.*

38　*Ibid.*

第二章　规划方案的协商讨论

　　城市设计师可以受雇于地方当局或某个开发商,也可以从事学术研究和服务于公用事业。本章所要讨论的是设计的双重角色,一方面要保护社区的环境利益,另一方面又要使开发商的利益最大化。人们习惯地将这种对比明显、有时又互相矛盾的角色称之为"狩猎者或看守者"。实际上,双方都享有许多共同的利益。建筑师和规划师之间常会出现争论。本章首先概述如何减少建筑师与规划师之间争论的方法。接下来讨论的是,当开发商和地方当局都有一个建造良好环境的共同目标时,如何获得最大收益。再往下,讨论的是开发场地的选择确认、资金需求以及保证社区的规划收益问题。在本章的中间部分讲述的是开发咨询、开发指导和设计说明方面的内容。这些都是城市设计师所必备的重要工具,而不管他或她是代表哪一方。开发设计过程用莱斯特(Leicester)个案来说明。本章的目的是要介绍一些在设计初期阶段所会遇到的一些实际问题。这些问题与规划方案的实施和最终的开发控制紧密相关。必须强调指出的是,规划方案只有经过了开发商和地方当局的充分协商,并为双方所认可时,才能得到有效而充分的实施。

建筑师与规划师的争辩

　　过去几十年里,人们对于设计的态度发生了明显的转变。20世纪80年代末,建筑师与规划师之间发生了激烈的争论。建筑师认为,规划师没有受过正规的训练,任何来自于规划师的对设计方案的批评都是无效的。什么样的建筑师会有这种偏见呢?当一位潜心于设计的建筑师将自己的设计方案呈递给一位年轻的开发决策规划官员遭到否决,而又不知道究竟哪里不合格时,便会有这种偏见。不知什么原因,15年前的英国政府也持有这样的观点,即规划师不应涉足设计事务。

　　现在,人们已经逐渐认识到,长期以来对于开发项目与其邻近环境的关系没有给予足够的重视。迄今为止,授予规划许可所采用的许多条文都是内向的，没有考虑到项目外围的因素，比如对周围环境质量的影响。通过项目的实施，是否能够创造一个一天24小时既舒适又安全的环境？住房计划立足于把家当做一个防护的空间。按照《新住宅设计指南》[1]（The New Essex Design Guide）一书的指点，死胡同成为理想的居住格局。这就不可避免地在居住区周围建造许多高大的防护墙。进出口道路嘈杂喧嚣，而旁边往往就是正在熟睡的警察。在居住区边缘的道路上行走，没有人会感到安全。[2]然而，这种居住格局过去销售得却很好，现在仍然销路不错。显然，房屋建造者是在满足某些购买者的某种特定的需要。这种令人难以想像的住房开发计划使开发商得以通过"尝试—信任"方式避开规划师的干扰。这类居住区现在仍然污染着我们的城镇、城市和乡村。它们所留下的后遗症就是：日益增加人们对犯罪的恐惧以及使我们的城镇和城市缺乏活力。

查尔斯（Charles）王子对建筑师、规划师以及他们缺乏创造和想像的城市设计方法提出过公开批评，由此引发了关于设计问题的大讨论。他明确指出，既然过去我们一直都在着眼于创建可爱的地方，那么现在就应该更加注重创造良好的环境了。在他的支持下，1992年举办了"城市之村论坛"，探讨在可持续发展的框架下，城市的综合利用、综合开发和创造更加友好的环境的途径。人们开始日益认识到城市设计是一门艺术。[3]居住在一流社区的人们肯定不会允许别人谈论他们自己社区内的问题。但是，我们需要知道他们对城市这一艺术品所做出的贡献有多大。城市设计的发展在建筑师和设计师之间架起了一座知识的桥梁，使他们能够从不同的视角和观点来看待城市的发展。

英国政府的态度也逐渐发生了变化：对城市设计越来越重视了。一系列规划政策指导性文件陆续制定和颁布，对好的城市设计给以鼓励，不再过分强调小汽车的使用问题。主要的政策性文件有《规划政策指南》（Planning Policy Guidance）（PPG）6、13和近期的1。PPG1特别强调城市设计的重要性，赋予地方当局对开发地段周围环境和建筑进行评价的权力。[4]

自从1998年以来，在罗杰斯勋爵和城市工作局（Urban Task Force）的推动下，关于城市设计、城市再生和社会可持续发展等问题的讨论更加广泛深入，在城市白皮书《我们的乡镇和城市：面向2000年》[5]中达到顶峰。该书探讨了综合利用条件下的城市可持续发展问题，提出了一种具有良好服务体系的城市生活新观点，并进一步对旧城市的更新改造进行了讨论。在对城市人口密度与公共生活水平的改善提高之间的关系进行论述后，该书认为，一般公众与资金分配决策者的关系疏远，这不利于他们所在地区的繁荣和发展。为此，2001年11月，当时的地方政府和地区运输部（现在的ODPM）编辑出版了《绿色空间，更美好的地方》[6]（Green Spaces, Better Places）一书，该书曾作为城市绿色空间工作局的中期报告。紧接着于2002年，又编辑出版了《生活的地方——更清洁、更安全、更多绿色》（Living Places–Cleaner, Safer Greener）一书。[7]

为了让城市拥有更多的公共空间，使建筑物和街道之间有更加良好的协调关系，现在一般都趋向于提高开发密度，建立紧凑型社区。

开发密度低的地区很难实现创新设计和可持续性设计。英国平均住宅密度一般为每公顷有住宅楼23座。[8]在2002年10月31日提交的《城市提案》中，约翰·普雷斯科特（John Prescott）建议，任何开发项目其密度低于每公顷30座楼房时，都要报经ODPM备案审批。[9]

这项措施有利于防止绿地侵蚀，实现政府建立可持续发展社区的目标。同时也可使棕色地段（用于先前开发过的地段的术语）凸显出来，以便重新开发。房屋密度的增加可以提高土地的产值，近而减少开发所需的资金缺口。这样就会有更多的资金投资于城市设计，有更多的人口用以维持在步行可及的距离内所设立的各种设施，减少对汽车的依赖，创造可持续发展的、充满生机和活力的社区。从城市再生的角度看，巴塞罗那是一个典范。据市长乔安·克洛斯（Joan Clos）讲，巴塞罗那的居民楼密度为每公顷300~400座。

旧城改造

旧城改造是一项风险较大的事业。旧城改造的成功，需要多方资金的投入，包括当地社区、开发商、金融家和基金机构等。它涉及到改造地段的几乎所有公共事业，包括物质的和社会经济福利等方面。与建成环境相关的、各不同行业之间的密切配合，也是旧城改造的必需条件。

在旧城改造过程中，历届政府都瞄准了城市的棕色地段。为实现这些地段的改造，政府部门采取了一系列的行动，如向开发商提供开发指导、修订立法，或者设立新的专门开发机构等。大多数欧洲旧城改造发起者都支持这种方式。1994年，专门负责旧城改造的第一个政府机构正式成立，负责向开发商推介改造项目，并履行好几个政府部门的职责。该机构的主要目的是协调各方面的关系，比如改造与现状之间的关系，以及各利益团体之间的关系等，以促进旧城改造平稳有序地进行。1999年，英国有八个地区设立了地方开发署(RDAs)。一年以后，为了减轻经济发展和旧城改造的压力、提高经营效率、吸引投资、促进竞争、创造更多的就业机会、鼓励和提高地方公众的技术水平，伦敦也设立了地方开发署。预计2003～2004年度，RDAs资助资金为17亿英镑，2005～2006年度将达到20亿英磅。

在英格兰，还创建了英国合作开发署(English Partnership)，作为最重要的负责旧城改造的机构。英国合作开发署已经发起了各种各样的城市改造项目。1996年，他们把关注的重点放在城市设计上，出版了小册子《设计时代——建筑景观和城市设计实践》。[10] 后来，英国合作开发署专门成立了"城市村庄"小组，面向全国提供资助，开发那些先前废弃了的土地，把它们变成综合利用的典范。合作投资计划(Partnership Investment Programme，PIP) 也拨出一部分资金资助城市开发。然而，到1999年这项投资计划就中断了。因为该计划直接将资金拨付给开发商，而这违反了欧盟的有关禁令。从那时以来，英国政府努力寻找能部分替代PIP计划的部门，最终敲定了地方开发。

2001年12月，英国合作开发署及其下属的私营投资部门AMEC和法律事务总局联合设立了英国城市基金。[11]基金总额为1亿英磅，主要投资于英国国内的大型综合性开发利用项目。另外，还在诺里奇联合会的基础上建立了艾柯罗旧城改造联盟，目的是为了对英国排名前20位的城市的市中心区域进行改造。地方当局也以一种有限合作的方式参与进来，允许公共事业投资者、咨询机构和地产开发商直接向合资企业投资。这种投资结构有利于降低单个投资的风险，因为投资风险与投资额密切相关。副首相约翰·普雷斯科特在《城市提案》报告中也要求，住宅开发公司应直接与合作开发署合作。反之亦然。只有这样，才能共同完成城市改造，在先前开发过的地段上建立起新的住房。

现在,地方当局都与各种机构和私营部门建立了定期工作联系,对有改造潜力的地段进行开发改造。这是一种较好的开发模式,因为地方当局缺乏旧城改造和基础设施建设基金。从长远来看,地方当局通过参与选择开发地段,能对城市旧城改造做出重大贡献。地方当局可以划定某地段的改造范围,为改造项目提供政策性规划框架文件。开发指导中所确认支持的方案应有相应的政策来支撑。开发指导及相关政策应具有一定的灵活性,以保证私人投资者具有充分的投资积极性。

选择开发改造地段的一种最好方法就是,向地方当局推介那些一段时期以来无人关注的地段。"最佳考量"是1972年通过的地方政府法案第123条中所使用的一个术语。这条法案要求地方当局在进行城市开发时,要使每一块土地发挥其最大价值。在该法案中写入该条的目的,是保护公共资金,便于资金和项目的审计。为了做到这一点,在开发文件发布之前就要进行大量的市场销售宣传,对每一项子内容作详细的评估和解释。开发地段若要以低于"最佳考量"的价值出售,就需要有特别许可证,并向中央政府提交准确明晰的评估报告。[12] 如该法案得以放宽,就有利于旧城改造地段的选择。但对私有业主来说,在土地上的营利就会减少。

地方当局及其开发机会

多年来,地方当局一直在反对城市开发中的单调乏味和平淡无奇。但是,他们很少能得到中央政府的支持。地方当局由于资金的严重不足,就更加担心那些能为本地区带来财源和收益的项目得不到批准。每年一次的公共质询和规划调研对地方当局来说都是一笔沉重的负担,因此他们总是尽可能地避免需要开支的公众听众会也就不足为奇了。为了更好地听取专家的意见,减少与开发商颇费心思的争执,一些城市市政规划部门与建筑师和设计师建立了密切的合作关系。这也是当前对城市设计日益重视的一个方面。在项目准备阶段,来自合格的城市设计师和建筑师的意见对于与开发商的谈判和获得优秀的城市设计方案都具有很重要的作用。专家小组这种独特的工作方式开始在一些敏感开发项目上得到应用。对于所有开发项目,从土地用途的改变到大型项目的实施,都适用于该方法。

近年来,地方当局很少实施开发和建设项目,因为他们的资金极其有限。但是,土地所有者、开发商和广大公众还是希望地方当局能够在住房开发方面给予帮助。不仅仅是现有服务设施的维护,也包括新建服务机构和设施的选址与兴建,如公园、学校、社区服务设施、娱乐中心以及任何其他社区所需要的服务和设施的建立。似乎人们一般都认为,地方当局对自己范围内的土地开发收入具有完全支配权。但是,实际上只有50%的开发收入可供地方当局支配。或许有人认为,对于销售地块邻近地区,地方当局也应负责相关服务设施的建设。这种想法是不正确的。地方政府的所有开支都涉及到公共资金分配的优先权问题,而这就不可避免地要与地方当局的特定政治需要相联系。

地方政府在公共资金使用上的限制使它能够从规划中受益或获得更好的城市规划,规划收益主要通过第106条款来实现。社区正常运转所需要的许多服务性项目不再由地方当局来提供,而是由规划师与开发商进行协商,作为开发项目的一部分建设必要的服务性设施。这样做虽然延长了规划的时间,但可以使开发商有时间与相关部门进行充分的协商,最后找到那些规划限制不太严格的地段进行开发。

从开发商的角度来看,只要在每一个阶段都与公众进行充分的协商,开发机会一旦出现,就可以立即抓住。开发机会可以在开发过程中出现,也可以通过多种途径和方式获得。比如在提交规划申请时,对规划地段的用途、与外部的连接、未来活力和综合利用等方面;就会有在现场或不在现场的各种各样的讨论协商;某地段的书面开发建议指南以及各种组织和投资机构的投资申请书,如地方开发署、英国城市基金、城市挑战基金、单项改造预算、资助挑战基金、新法案基金、彩票基金、英国合作开发署和城市村镇论坛等等,还有前面已经提到的规划收益投向,也是获取开发机会的重要途径。

当前,政府正在考虑对涉及规划收益过程的第106条款进行修改。政府当局认为,建立在"特别"基础之上的现有体系不公平,缺乏透明性。要达成协议,则需要很长的时间和不必要的昂贵的立法开支。这会使开发计划受挫、拖延或被迫放弃。为此,政府建议设立一项"标准课税制度",由地方当局根据规划意见,就不同类型开发项目设定课税标准。这种方法透明度高、速度快,因为它是建立在通常合同条款方式之上的。课税一旦发生改变,地方当局就得审慎地选择开发类型、开发规模和开发地点,并详细说明在各种情况下如何使用。对商业和住宅开发,税率既可以按毛地皮成本设定,也可以分开设定。对住房开发按单位住房成本计算;对商业开发按毛地皮空间成本计算,还可按开发获益比例来计算。政府还建议制定法律,使中央政府和地方当局分享税收收入,用于重要基础设施的建设。这样一来,地方政府之间就可以相互合作,避免互相拆台,吓跑潜在的投资者。

个案研究:私有资助基金对开发的资助

过去几十年来,私有资助基金(PFI)已成为英国政府高质高效公共设施开发建设的主要资金来源。它的主要目的是使私有部门与公共服务部门建立直接的联系,而公共服务部门在公共服务设施建设和使用方面负责进行引导。[13] PFI不单单投资于服务设施的建设,也涉足私营部门管理、商业经营和技术革新等许多方面。也就是说，PFI的投资集中于服务行业而不是地产业。它不仅仅考虑短期资本投资，更注重长期投资收益。最终，通过私有部门的资助和投资专家的指导，再加上对投资风险的有效控制以及良好的经营管理和合理的价格体系，才得以实现资金投入收益的最大化。财政资助及其相应的经营管理转向私有部门以后，公共部门变成了购买者，其可信性就受到了限制。

作为一种采购系统，有了PFI，公共部门就不再负责各项服务的规划和设计，而是给出具体的要求。它不再去签订合同，而是通过PFI的服务合同获取其预先开出的各项服务。更重要的是，在建设阶段它不必再投资，而是建设完成后购买服务。私有部门负担投资成本，通过地方当局的支付和服务运行收入得到回报。这样，私有部门负责建设，而公共部门负责接管服务和各项服务的正常运营。PFI计划实例之一是诺丁汉（Nottingham）快速交通项目（NET）。该项目总投资约2亿英镑，是目前得到政府支持的、由地方当局牵头的PFI计划所资助的最大项目。就该项目的资金规模而言，PFI路线是惟一可选择的途径。过去，用传统方式建设类似项目，总难免出现拖延、超出涉及范围和使公共部门成本提高的现象。通过PFI路线，诺丁汉交通运输项目把各种风险，如最重要的资金和合同风险转嫁到了私有部门身上。从理论上说，PFI路线对地方当局在许多方面起到了保护作用，如合同签订方的破产、工程的半途而废、物资材料不合规格引起的服务和设施不能正常运转、不能按期完工等等。[14] 采用PFI模式的另一个优点，就是只有当项目完工，符合设计标准和规格要求并能正常运行时，才支付使用费用。另一方面，私有公司在执行该项目时具有尽可能高效运作的动力，以避免地方当局减少支付。

PFI路线的惟一缺点是，私营部门可能会把风险成本定得很高，导致项目总支出增加大约20%～30%。为了解决这个问题，可在项目完成后的总购买支出与期望得到的资助资金总额之间留一个缺口。对许多公共组织机构来说，留一个资金缺口要比维护旧的基础设施容易得多。PFI路线的另一个不足之处，就在于合同文件复杂繁琐，它们不仅耗费时间，而且代价昂贵。另外，PFI路线会议在若干年内有固定的收入，即使将来预算削减了，整个项目受到的影响也不会很大。

适宜于PFI的开发项目主要有：学校、监狱、医院、娱乐设施的更新改造以及其他可由私有资金建设、维护和经营的开发项目。目前，基础设施建设项目，如道路、桥梁、停车场和以铁路为基础的项目，占私有资助金投资的80%。其他适宜于PFI资助的项目还有：道路照明设施、工厂改造、垃圾焚化炉建设、火葬厂建设、住房开发、社区保健中心建设、社会服务场所建设、旧城改造、图书馆、警察总局和公共办公设施等。

私有资助基金把建设、投资和运营的风险转移到了私营部门身上，是一种新型的服务购买方式。目前，仍然处于初期阶段，还需要进一步完善。但是，它使地方政府在很多更新改造项目上可以实现投资收益的最大化。

地段的确定

地段的开发及其与周围城市结构的融合常受现有土地所有者的限制。地方当局虽然有权强制性地获得土地，但即使是开发获利的前景非常好，这种权利也应少采用。地方当局之所以不愿采用《强制购买条例》（CPO）所赋予的权力，其原因主要是：评估某一地段的开发前景需要付出许多无效的劳动，地方当局没有充足的时间进行评估，没有足够的人力准备CPO预案，也没有充足的资金购买土地。《强制性购买条例》在地方上还没有得到广泛的认可，这方面的法律专家屈指可数。鉴于以上原因，强制执行《强制性购买条例》是非常耗时和令人烦恼的一件事。

带有开发目地的强制性购买

如上所述，在土地开发过程中应用强制性购买法案是一件很繁琐的事情。本节的目的是帮助土地开发人员在从事土地开发和旧城改造项目时如何安全高效地获得土地。大多数情况下，他们可以通过签订协议或强制性措施获得土地。强制性措施也就是对私人财产的征用，通常由中央或地方政府来执行。最近几年，随着法令的私有化，一些其他机构也具有强制性购买权力。从理论上说，只有公众能够获益时，才应用强制性购买权。同时，财产所有人还需得到适当补偿，而不会引起财产损失。[15] 目前，有关强制性购买的议会法案共计有67部，由政府有关部门、地方当局和其他各类公共机构颁布。许多私有法案都授予了开发商为某些特定需要，如轻便快速的交通项目、地方机构建设等而获得土地的权力。1992年颁布的《运输和工厂法案》，使开发者能够快速便捷地获得土地，同时又减少了对土地所有者的支付。[16]

强制性获得土地通常遵循四个步骤。第一，必须有明确的法律授权。私有法案、公共法案或特别法案都可。第二，根据开发目的和规划要求，明确地确定地块，清楚明白地阐明强制性购买土地的理由。当开发方案提交审批或进行公众质询之前，使反对者能有机会发表意见。第三，地块确定下来后，按照有关法案进行授权,拟定购买草案,然后提交公众质询。根据公共法案要求,购买草案由大臣确认,并负责通知土地开发申请人、持不同意见者和有可能参加公众质询的其他人员。草案一旦被确认,开发申请人就应尽快在当地报纸上刊登通知,尽可能让所有有关各方知晓。假设草案未被放弃,正常情况下,应在三年内向所有财产所有人发布"处理通知"。此外,还须发布"进驻通知",以保证安全地获得土地所有权。最后是土地价格的确定。如有争议,应在开发商进驻后六年内,根据《土地仲裁法》确定土地的基本价格和补偿标准。

这里所说的补偿包括三个方面的内容,即土地的实际价值、干扰补偿和保留土地的贬值补偿。保留土地的贬值又称作由服务引起的"受损影响"。在强制性购买条件下,对所有财产利益关系人都应支付补偿金。补偿金一般根据关系人财产损失程度及其相关的支出情况计算一个总数,一次性支付。利害关系人一旦收到补偿金,即应尽快搬离,最好在购买草案颁布之前就搬迁。

2002年7月,英国政府发布了新的购买议案,以改进强制性购买程序。政府有意通过"更广泛、更清楚界定了权力"的法案,来取代目前的《强制性购买草案》,赋予土地更广泛的用途。那些对一个地区的"经济社会发展和环境改善具有重大影响"的地段,特别适宜于上述新议案。由此进一步推断,旧城改造项目将具有很高的优先权,并且在正式的《强制性购买》程序开始之前,不必提交详细的开发或财务计划。

开发咨询

对规划师和开发商来说,如果待开发地段已经有了设计规划指导,是再好不过了。这种类型的开发指导可以在许多地方找到,如在区域规划或总体规划中。其中往往就含有规划设计指南、规划框架、特定地段的说明和城市中心的活动安排等内容。不管这类文献叫什么名称,其目的都是为了对开发地段的设计要求有一个清楚的了解。这类文献还常包含地方当局对开发者的要求。所要搜集的设计指导类文献不能仅限于待开发地段,还要包括其邻近地段的有关内容。设计指导越详细,就越容易达到指导文献中的要求。有了清楚明确的设计指导,再加上良好的设计,开发商就能够提出令人信服的开发计划。但是,如果地方当局给出的设计指导过于详细,开发商就很难有折中回旋的余地了。

准备设计指导书

设计指导书应尽可能早地开始准备,并与土地所有者和开发商进行充分的合作。这样做的最大好处就是在开发之初就考虑了开发成本。指导书应对土地的价值和开发前景做出实事求是的评价。与开发商进行协商可以使各种假设情况得到评判，并充分考虑当时的经济状况。因此，时间尺度具有很重要的意义。只要可能，土地价格就应反映地方当局的需求，然后才能推向市场。土地一旦卖到开发商手中，开发商就很难有机会通过吸引地方当局或土地所有者的兴趣来阻止设计指导中某些方案的实施。

土地所有者尽早知晓地方当局的意图，从理论上能缩短土地出售时间和获得规划许可的时间。在分阶段开发中还可以帮助确定哪些地段优先开发。例如，有些地段虽然需要大量的基础设施投资，但赢利高就可以优先开发，而其他赢利低、需要大量附属设施建设的项目则可以放到以后去做。

经过认真讨论协商，当地块开发指导制定出来以后，地方上就可以按照开发指导中所列出的总体目标去实施开发，这样可避免出现零零碎碎的、不能连贯一致的情况。零碎开发在感觉上常常是模糊不清的，常会导致重要地标的消失、相邻区域边界的混淆以及缺乏明显节点和中心地段。那些特征消失的地段很难再制订长远发展规划，以后的更新改造常常是徒劳无益的。

开发成本　　　　　　　制定场地开发指导（SDG）时，重要的一条就是要有整体性。没有中心的规划不会有良好的环境质量。指导书应提供一个能够任人想像的框架，使开发者有足够的自由发挥的余地。但是，开发者的自由发挥必须按照开发指导书的要求，并考虑到实际的成本支出。开发成本影响因素见表2.1。

表2.1　开发成本影响因素

基础设施建设

地形改造——地面排水、污水排放、土方工程

道路建设场地成本

道路建设场地以外成本

景观营造

运动场地

公共运输系统

经济廉价住房（Affordable housing）

附属住房（Access housing）

社区设施—学校、图书馆、会议厅、社会服务设施

休闲娱乐设施—运动中心，投掷场地

因崇拜而受保护的场地

高能耗建筑

商店

现有景观和生态系统的保护

与公共艺术的融合

土地现值在土地价值体系中具有重要作用。很明显，土地所有者并不都想成为慈善家，他们轻易不会做出有损其土地价值的事情。如果土地所有者和开发商都不想付出一定的代价，那么两者之间为了各自的利益就会形成尖锐的对立。然而在某些土地价值较低的地区，双方往往可以达成妥协，以换取有生气的指导性规划。当地已有的规划目标也需加以考虑，并应置于优先位置，以使地方当局能在不影响场地开发活动的情况下达到其最重要的目标。鉴于以上考虑，土地所有者和开发商必须认识到机会成本的存在。机会成本随着时间的推移会不断增加，除非双方都有获利的机会，否则开发就无法进行。

地方上往往有一种倾向，就是对地块的开发潜力过于乐观，而不考虑位于不同位置的地段土地价值的差异。毫无疑问，地点不同，土地的价值也不同。在与开发商和土地所有者进行谈判之前，先对影响土地商业价值的因素进行分析评价和估算是非常必要的。通过分析评估，先对开发地段的获益水平做出正确的评判，然后决定优先安排的项目。

土地的价值随时间而变化，同时又受政府法规和规划政策的影响。目前，绿色地段比棕色地段更容易开发。随着绿色地段的减少，那些具有开发潜力的棕色地段的价值在不断增加。如果两个相邻地区的规划政策相差较大，投资就会流向开发成本较低的地区。请看下例。假设有住房用地100英亩，每英亩价值为23万英磅（随地点而变化），也就是对土地所有者来说，该地块值23万英磅。假设住房平均密度为每英亩13座，每座售价为5000英镑，那么每英亩售房收入为65万英镑。如果房屋的建设支出为2万英镑，则每英亩总成本为26万英镑。总的开发成本为260000+230000=490000英镑，开发商的净赢利为16万英镑（见表2.2）。由此看出，对于来自地方上的任何额外的要求，开发商都是难以接受的。

表 2.2　100 英亩住房用地成本估算　　　　　　　　　　　　　　单位：英镑

每英亩土地成本核算	230000
100 英亩土地总成本核算	230000000
住房密度每英亩 13 座	
每座房屋建造成本核算	20000
每英亩房屋建造成本	260000
总建造成本	26000000
建房总成本	49000000
房屋销售价值	50000
1300 座房屋总价值	16000000
每英亩赢利	160000

土地价值极易受市场作用力的影响，并影响到邻近地块。土地价值还体现在房屋价格上。此外，地段上附属设施的情况，如学校的有无、距离的远近，以及附近周边地区已有或规划待建的房屋情况等，都会影响到房屋的销售价格。随着规划方案的出台，土地升值期望增高，与土地所有者的谈判就更加微妙了。实际上，也就是在这个时候，改善社区的计划才能认真加以考虑。

对上例还可进一步分析规划对边际营利和项目吸引力的影响。假设在100英亩土地中，按照当地的规划政策，地方当局需要留出10英亩作为公共空间和儿童游乐场地。那么，土地所有者的最终营利就减少230万英镑，因为这些土地不能用于房屋建设了。雨水和污水排放设施以及土方工程需支出500万英镑。地方当局建设经济廉价住房约占总土地面积的30%，这样就使土地价值下降，并影响到邻近地区。土地总值约减少300万英镑。建设一所小学约需资金150万英镑，相关的交通设施建设约需20万英镑（取决于地段的布局）。娱乐休闲设施100万英镑，公共艺术和城市环境质量改善50万英镑。土地总值2300万英镑，减去40%的税收920万英镑，土地所有者的营利只剩下1380万英镑。但是，按照上面的规划要求，总支出约为1350万英镑，留给土地所有者的利润空间只有30万英镑。这与100英亩农业用地的价值大体相当。土地所有者的开发兴趣大打折扣。假如污水排放和土方工程减少到300万英镑，地方当局所需的公共空间只有5英亩，那么土地所有者的营利可以达到345万英镑或每英亩3.45万英镑，开发方案就有吸引力了（见表2.3）。

表2.3　100英亩土地销售营利表	单位：英镑
土地100英亩，单价230000英镑	23000000
土地所有者支出	
40%的税	9200000
10英亩公共空间	2300000
污水排放和土方工程	5000000
经济廉价住房	3000000
小学建设	1500000
相关交通设施	200000
娱乐休闲设施	1000000
公共艺术	500000
总计	22700000
净利润	300000 或
	每英亩3000

除了上述所列各项成本支出外，对于某一具体地段还有其他各项支出。上例的目的纯粹是为了展示规划设计对地块开发活力的影响。如果地方规划和城市设计团队有土地评估和成本分析专

业人士的支持和参与,地方当局在协议谈判中就会处于非常有利的地位。正规的评论方法将在下面作简要介绍。开发商必须正确理解地方当局在社区规划建设中的地位和作用。双方只有相互理解,才能有利于协议的达成,也才能使各方都得到满意的结果。

评估技术

《简明牛津词典》对评估所下的定义是"对物质价值的评价"。项目是否值得评估,取决于许多因素,如供求状况、潜在用户、当地的经济社会条件、基础设施和交通运输状况、环境质量和土地的可利用性等等。这些因素对开发成本具有非常重要的影响。[17]

过去,财产评估带有神秘色彩。1994年,皇家有偿调查研究院提交了有关商业财产评估的马林森报告(Mallinson Report)。[18]报告建议,进行财产评估时,对所使用的技术和方法要有较高的透明度。评估的方法多种多样。重要的一条就是各种评估方法之间可以进行分析对比,这是实现市场价值的重要一步。一般来说,经济回报率是制定方案和计划时最着重考虑的因素。项目完成后,如果总收入能够超过总支出,并有适量的边际营利,或者有适当的投资回报,就会对土地开发产生促进作用。

价值评估最简单、最直接的方法,就是价格比较。当被比对象具有同一性时,该方法最有效。但这仅限于个别简单的情况,大多数项目并没有绝对的同一性。另一个简单直接的常规方法是剩余价值评估方法。先将项目总支出从项目完成后的预估收益中扣除,进而评估计算开发潜力和回报率。回报率既可以是贸易营利率,也可以是投资回报率。[19]

在表2.4中,剩余价值代表未改进状态下的开发价值,反映了开发潜力。剩余价值法取决于多个变量,如土地价格、建造成本、居住成本、出租／价格、利息率,以及投资领域和投资时间等。在使用过程中会经常出现数据不准确的现象。为了克服这一缺点,可以使用其他评价技术,如现金流动法、现金流动折现法(NTV／NPV)、敏感性分析、方案分析、概率分析和计算机模拟等。现金流动法可以预估项目期内现金流入和流出的量,监测开发期内支出和收入的情况,提供随时间而变的更实际、更准确的成本与收入评估。

表2.4　剩余价值评估

1.估算开发总值,即项目完成后的总价值	
2.估算总成本	
3.开发总值减去总成本,得到剩余价值	
开发总值	200000 英镑
总成本	130000 英镑
剩余价值	70000 英镑

现金流动折现法（NPV）是一种较好的选择。该法把所有支出和收入都折换成现值，计算出项目的当前收益，而不是项目结束后的收益。[20]折现率为贷款成本。将支出和收益转换成现值的公式为"1英镑的现值"，即 $1/(1+i)^n$。应用现金流动折现评估法可以计算中期回报率（IRR）。有些开发商就是根据投资回报百分率，用中期回报率来对项目营利情况进行评估的。特别是当开发商打算停止开发时，该方法就会更有用。中期回报率可定义为，资金投资评估过程中所使用的折现率的百分数。投资评估的目的是使项目的支出与未来的现金流动相平衡。计算IRR时，折现率可以通过反复试验获得，最终可能将所有未来开支和收入都折换成为零的现值。

剩余价值和现金流动值依赖于一组固定的变量。这些变量是经过认真挑选的，使人感觉到它们能够代表项目的真实情况。开发进行期间，这些变量会发生变化，可以是同向的，也可以是反向的。多个变量的综合变化会引起剩余价值的较大变化。变量的变动情况可用许多方法来计算，复杂难易各有变化，如敏感性分析法、方案分析法和概率／模拟分析法等。[21]

敏感性分析主要测定变量变化所产生的效果。其最基本的内容就是分析各个变量的变化所引起的剩余价值的改变，以及它们对边际营利和土地价值影响的敏感程度，并且找出对开发项目活动影响最大的因素。它还可以用来进行损益似然估计。敏感性分析最大的缺点是，它仅考察单个变量的变化情况，而忽略了各个变量之间的相互作用对整体带来的影响和各变量综合变化发生的可能性。

方案评估法考虑各变量的综合变化对剩余价值所产生的影响。具体评估方式主要有三种，即乐观评估、现实评估和悲观评估。对变量及其市场情况进行上述评估，需要专业人员来作。该法虽然比简单敏感性分析更先进，但它仍是对未来的假设，带有不确定性。

最后一种评估技术是概率／模拟分析法。对于每一个变量，该法首先找出其全部变动范围，包括最乐观和最悲观的情况，然后估计每一个变量各个可能值发生的概率。蒙特·卡洛（Monte Carlo）模拟法作为一种完全随机评估方法，可以实现对各个不同方案的详细分析比较。它还可以就变量的综合作用所引起的剩余价值变化情况作出评判，给出一个收益方案，并预估该方案发生的可能性的大小。对项目未来营利情况，该法都提供有大量的数量资料分析，可以对不同的方案进行详细的审核，从而有利于作出合理的决策。

从上面的介绍当中可以看出，剩余价值评估法比较粗放且不太准确。当缺乏供比较分析的资料时，更是如此。关于利息成本方面的不准确性，可用现金流技术，如NPV方法来克服。不过，前面介绍的这些评估方法都只给出了一个剩余价值估计值，而且还是在评估日做出的最好估计，它掩盖了项目在未来实施过程中的真实情况下的不确定性。敏感概率性分析涉及了对潜在市场情况的全面分析，减少了评估的不确定性和风险。最后必须说明，上述各种评估方法只是一些决策辅助手段，不能代替平衡有据决策过程。最佳方案的获得是各参与方共同努力的结果。

开发项目的安全性

根据《城乡规划法案》第106款的规定或规划方案中的规划要求，可以实现规划获益。[22] 开发场地以外的一些工作，如道路的维修改善，都需要用到第106条款。另外，还可以将口述条件条款反过来使用，即所谓的格雷姆潘（Grampian）条件类型。1984年，格雷姆潘提案得到上议院批准。自那以后，格雷姆潘条件类型就流行开了。[23]

当时，为了进行工业开发，格雷姆潘地方议会向亚伯丁市提交了规划审批报告。在规定的审核期限内，该市没有给出审核结果。按规定，该申请就应该被拒绝了。然而，在审批者提出要求，并且开发不会对邻近地区的交通造成严重威胁的前提下，规划方案是可以进行修改的。如想对开发地段以外的道路实施封闭，则是不可能被批准的，因为这超出了申请者的权限范围。拒绝批准该项申请从根本上是站不住脚的。在这里，地段的开发需要部分道路的封闭是条件之一；而另一个条件则是，如果道路问题解决了，项目就可以实施。至于一些不利因素方面的问题，通过申请人自己的努力，再加上地方当局的强制措施，是可以得到解决的。[24]

乐观评估方法常见于地方当局对其所管辖范围内的土地的开发上。公众可能会认为，规划部门会按照规划标准进行规划，建立健全社区正常运转所需要的各种设施。但是，市议会的财政负责人有责任使地方当局得到更多的收入。这样，一个项目往往要经过与许多部门的艰苦协商才能最终完成。规划和城市设计部门的任务是寻求最好的设计方案，为地方上赢得更多的收益，同时又与私有土地所有者采取的方法相一致。地方预算往往没有充足的资金覆盖社会的每一个方面。通过城市规划和设计为地方获得更多的收入就显得越来越重要了。

设计内容简介

规划基本要求一旦明了，项目就进入各个不同的协商阶段。此时，设计思想已经明确，地方当局应着手与各相关方一起将其细化和实施。公众都期望新的开发项目能提供不同的服务，可以自由挑选。充分考虑各种需求，对地段进行综合性设计至关重要。[25] 设计简况应考虑下列内容：道路和其他交通运输设施的安排，行人、自行车与小汽车之间的关系，公众安全的保障，以高活力和高渗透性为目标的、包含设计节点的街道和公共广场的设计，地点的可辨识性，可持续发展特征以及开放空间和风景景观的布设等。

就是在最近一段时期，与小汽车相关的城市设计工作日益受到重视。公路设计师对交通事故的担心在很大程度上影响了场地布局。他们坚持将行人与小汽车隔离。面向主要交通干线建造住房是不允许的，因为即使是在设计时速以内行驶，这些住房仍是巨大的交通事故隐患。

有些地方，如莱斯特，已经有了降低公路行车速度的提案。乘坐小汽车正在被其他交通方式所替代。在城区设计中，小汽车的主导地位有所降低。例如，按照设计导则第32条的有关规定，莱斯特市议会试图通过一项议案，保证所有新开发地段在200m以内都能有公共交通线路。此外，限速20英里的规定也正在引入居住区。与公路设计师就新型居住区道路标准进行讨论协商是一件新鲜事，还需要得到公路设计师的认可。

从公众的角度来说，安全问题至关重要。一方面，对公共场所要能进行有效的监督；另一方面，在街道上不论使用何种交通方式，使用者都应感到舒适方便。最近，警方注意力转向住家，把家看作是受保护的地方，而许多住家往往背对公共场所。一个人除非居住在这一地段，否则他在这里出现就是不受欢迎的。定义和划分私有空间和公共空间，对于减少犯罪也是必不可少的。提高公共空间的质量，鼓励人们更多地使用街道，自然就会增加对犯罪的监视。在街道上创造生气勃勃的气氛也会有同样的效果。城区的通达性设计应重点考虑各功能区之间的相互渗透。对老人、妇女、儿童和残疾人要能方便易行。公共艺术对于创造生气勃勃的城市具有非常重要的价值，在城市设计中也应充分给予考虑。

卡伦(Cullen)和林奇(Lynch)的工作及其标志性城市设计理念，对城市设计运动产生了重大影响。[26] 现在，城市设计师共同接受的思想是，地段的开发应能创造出该地段和社区的特征。道路、地标、节点以及边缘区域都可用于创造地段的特征。在材料选用、颜色搭配以及建筑物高度等方面要有通盘的考虑。[27]

公共空间应与安全保护紧密相连，并且先于住房格局出炉。街道植树和街道绿化需要重点考虑。树木和绿地的管理和维护都会涉及到开发成本。本书认为，所有的开发都应是可持续性的。关于这一主题的讨论详见芒福汀(Moughtin)1996年的论述。[28]在本设计导则中只列出相关主题，见表2.5。

表 2.5 可持续发展主题

土地的综合利用
区域通达性
交通运输的多样性：步行道、自行车道、公共汽车线路以及其他轻便快速交通方式
水资源保护
自然界保护
地段开发寿命
与地段相适应的建筑物
建筑物高度限制
棕色地段

好的设计其着重点各有不同，但在设计导则中，都应力图使新的开发建设与已有的城市结构相关联。新旧之间的关联方式和方法是设计导则所要涉及的主要问题。设计导则的内容和结构可以多种多样，但其主要目的是要激发良好的城市设计，而不是限制和抹杀创造力和创新思想。

莱斯特市东北部开发个案研究

根据汉密尔顿(Hamilton)区域规划[29]和即将采用的莱斯特市总体规划，[30]莱斯特市议会于1990年制定了莱斯特市中心区规划要略。在该中心区，商业零售业面积9700m²，服务于整个汉密尔顿社区，并有绿色住宅4000座。由于道路基础设施建设存在争议，这项旨在满足莱斯特市不断增长的人口需求的开发在进展上受阻。

开发进展缓慢主要是受房地产市场衰退的影响。1995年，开发商提供了一个基本开发方案，并与各方进行了协商。他们声称，随着商业零售业的发展，1990年制定的规划要略已经过时了，他们的方案符合有关规划规章。但是，对方案进行仔细分析研究后就会发现，该方案对开发地段的整体布局考虑不够，也没有考虑到邻近居住区的开发规划问题。开发商提供的申请书中有几个地方对原来的规划要略进行了修改，商业零售用地面积扩大到1.02万m²。主要的建筑设施包括一个超级商场、四座大型商场、一座公共用房、一个诊所和一个巡逻站。

经过多次开会协商，情况已经变得很明显：开发商不想对其开发方案进行实质性的修改。有关官员对开发商的方案进行了多次内部讨论，最终得出结论：由于多方面的原因，特别是开发布局和低劣的设计，拒绝批准该开发方案。市议会不能鼓励和允许实施设计质量如此低劣的方案。这项决定反馈给申请人，申请人经过认真考虑以后，决定按照地方当局的要求进行修改，重新提交申请以获得批准，而不是被拒绝。这种方法保护了申请人对申请方案进行修改、并在修改后再次提交的权利。

1997年2月，开发商又提交了全新的开发申请书，协商又重新进行。这被称为申请双刃剑，是申请人经常采用的对地方当局施加压力的一种方法。还有一点让申请人担心的，就是协商和审批时限问题。如果开发项目比较复杂，中央政府强调鼓励地方当局，应在八周之内做出审批决定。

根据地方当局提供的新规划设计指导，开发商又制定和提交了新的开发方案。修改后的方案包括以下内容：通过住房开发设立自行车线路，与现有绿地相连通；设立区内公共汽车站，增加使用者的可渗透性和活动范围；使当地居民方便使用为社区设施建设所预留的地段；入口广场周围建立七家商店，广场上增加体现当地艺术家才华的艺术品，将生机和活力展现给公众。申请人修改后的方案得到了支持。停车场由具有居住功能的建筑所遮挡，这些建筑面临交通干道，对停车场起到监视作用。通往中心区的干道上架设了行人、自行车过街天桥，增加了步行道。医院诊所、巡逻站以及公用房屋都在新方案中作了标注。批准文告中还允许增加一个非食品性零售店，与莱斯特郡1997年2月所采用的《莱斯特郡中心区零售店规划》相符合。即使加上这个非食品性零售店，零售商店占地面积也不超过 1.02 万 m^2。

批准书附带了50多项附加条件。有两个条件从字面上看起来是相互对立的，也就是格雷姆潘条件类型，它们不仅能够使开发商获得开发许可，而且还能保证道路基础设施在开发之前就建设完成。这样一来，只有当有关道路建设的内容达成协议并签署合同后，才能对中心区进行开发。中心食品商店也只能在道路完工通车之后才能开业。有了这一限制性条件，土地所有者之间的有关道路建设投资所进行的漫长艰难的协商谈判，最终都会有一个结果。

上面所介绍的只是开发过程中的第一个阶段，随之而来的便是在整个建设过程中对方案的不断修改和完善。现在，开发方案已经实施。与外界连接的道路已经建成，零售商店也开业好几年了。公共艺术和公共活动场所也按协议建成了。当然，还有许多内容和社区设施在等待开发建设。

结　论

地段开发框架和开发指导的制定必不可少。好的开发框架应鼓励和引导开发，而不是窒息设计师的创造力，阻碍开发商的经济需求。开发框架应能够使开发商及其设计人员在可持续发展的理念下制定土地使用计划。

开发质量的提高还有赖于地方当局的想像力和创新能力。通过创新性地使用开发控制权力，地方当局可以正面地对城市、街区和地段的设计施加影响。根据土地所有者、开发商和地方当局三者之间进行协商、谈判和签订协议的需要，常规的开发控制方法应当加以重新考虑。基于上述讨论可以看出，建立在良好的投资回报和创新性城市设计之上的项目开发才能真正达到目标。

参考资料：

1 Stone, A. (1997) The New Essex Design Guide, *Urban Design Quarterly*, No. 62, pp. 31-35.

2 Association of Chief Police Officers, Project and Design Group (1994) *Secured by Design*, Stafford: Embassey Press Ltd.

3 Turner, T. (1992) Wilderness and plenty: construction and deconstruction, *Urban Design Quarterly*, No. 44, pp. 20-23.

4 Department of the Environment, *Planning Policy Guidance, Transport, PPG13* (1994), *Planning Policy Guidance, PPG6, Town Centres and Retail Development* (1993) and *Planning Policy Guidance, PPG1, General Policies and Principles* (1997) London: HMSO.

5 DTLR (2000) Urban White Paper, *Our Town and Cities: The Future in 2000*.

6 DTLR (2001) *Green Spaces, Better Places*. Interim report of The Urban Green Spaces Taskforce.

7 ODPM (2002) *Living Places - Cleaner, Safer, Greener*.

8 ODPM (2002) Circular: *The Town and Country Planning (Residential Density) (London and South East England) Direction*.

9 John Prescott (2002), *Urban Summit*, 31 October.

10 English Partnerships (1996) *Time for Design, Good Practice in Building, Landscape and Urban Design*, London: English Partnerships.

11 *Regeneration and Renewal Magazine*, pp. 16-17, 14 June 2002.

12 CABE and ODPM (2002) *Breaking Down the Barriers*.

13 Rook, P. (1998) *Development Finance and Appraisal*, Reading: College of Estate Management.

14 Turner, R. (1997) *The Commercial Project Manager*, New York: McGraw-Hill.

15 Telling, A.E. *et al*. (1993) *Planning Law and Procedure*, London: Butterworths Law.

16 Roots, G. (Ed.) (1999) *Butterworths Compulsory Purchase and Compensation Service*, London: Butterworths Law.

17 Britton, W. *et al* .(1980) Modern methods of valuation, *The Estates Gazette*.

18 The Royal Institution of Chartered Surveyors (1994) *The Mallinson Report on Commercial Property Valuations*.

19 Darlow, C. and Morely, S. (1982) New views on development appraisal, *Estates Gazette*, Vol. 262.

20 D.J. Freeman Solicitors (1995) *The Language of Property Finance*, British Council for Offices.

21 Palmer, C. (1997) *Management Sciences*, Reading: College of Estate Management.

22 Department of the Environment (1990) *Town and Country Planning Act: 1990*, London: HMSO.

23 *Grampian Regional Council* v. *City of Aberdeen District Council* (1984).

24 Healey, P., Purdue, M. and Ennis, F. (1995) *Negotiating Development*, London: E. & F.N. Spon.

25 Punter, J., Carmona, M. and Platts, A. (1994) Design policies in development plans, *Urban Design Quarterly*, No. 51, pp. 1-15.

26 Lynch, K. (1960) *The Image of the City*, Cambridge, MA: MIT Press, and Cullen, G. (1961) *Townscape*, London: Architectural Press.

27 Moughtin, J.C. (1995) *Urban Design: Ornament and Decoration*, Oxford: Butterworth-Heinemann.

28 Moughtin, J.C. (1996) *Urban Design: Green Dimensions*, Oxford: Butterworth-Heinemann.

29 Leicester City Council, Planning Department (1990) *Hamilton District Planning Brief*, Leicester: Leicester City Council.

30 Leicester City Council, Planning Department (1994) *City of Leicester, Local Plan*, Leicester: Leicester City Council.

第三章 调查技术

进行场地分析采用什么样的调查技术,取决于项目的特性和规模。项目的规模不同,设计所需要的信息资料也不同。本章重点介绍中型和大型项目所采用的调查技术,对诸如街道改造、个别地段的单体建筑的改造等小型项目省略不讲。本章介绍调查技术的目的是建立一个分析框架,以实现可持续性开发。以本书的规模,不可能涉及与可持续性开发相关的各项调查技术,而是重点介绍与历史文化保护和建成环境相关的调查技术。本章第一部分首先介绍历史文化分析方法,这对保护现有历史文化、保持历史文化的延续性、建立与历史文化发展相适应的开发理念都具有重要意义。第二部分介绍城镇调查分析技术,包括城镇标识、城镇可渗透性和城镇视觉分析等。进行场地分析时,正确理解位点的概念很重要。对场地精神或场地特征的感应和体验,往往能发现场地的未来开发方向。从城市现状开始,沿着历史发展次序逐层剥离分析,能够揭示其现状和功能形成的原因。了解它"如何成为现在这个样子"是一切未来活动的基础。城市的富足繁荣、内涵丰富是长期历史发展的结果。20世纪末出现的城市单调乏味的现象,部分原因是由于一些城市设计师所普遍持有的孩童式的观点所造成的。他们把城市的历史与城市的现代发展割裂开来,将历史现状与未来发展看作是不相干的事情。直到最近,有人还认为,最理想的开发平台是去除了先前所有占用痕迹的、未受干扰的场地。

"回剥历史",环状层层分离,可以揭示出城市发展的许多历史内容。单单通过对早期大地测绘图的分析研究,就可以发现过去的城市发展规模,比如20世纪60年代以前的城市规模。20世纪60年代城市的发展规划令人脸上无光。对先前的规划建设拆除以后,利用大地测绘信息可以重新恢复先前布局合理、丰富多变的街道格局(图3.1~3.2)。

图 3.1　雷德福　20世纪60年代
规划破坏后代之而起的沿街建筑

图 3.2　雷德福　20世纪60年代
规划破坏后代之而起的沿街建筑

即使最简单的场地分析,也要包括历史发展和建筑结构方面的分析。对古代历史地段要进行详细的考古调查。最简单的调查也要能够确认那些列于名录上的建筑、树木和其他构筑物的位置,找出那些具有重大科学价值和生态价值的地段。对场地历史和现状的分析可以帮助找出当前城市结构的症结所在,并在此基础上进一步对当前规划方案进行研究分析,找出影响开发的相关因素。场地历史和现状分析还可以帮助确定总的开发理念。了解过去一段时期以来场地未被开发的原因,可以帮助选择与场地历史和功能相适应的、成功的开发模式。作为场地分析的内容之一,对各个申请人提交的规划开发申请都要包括进去。申请人提交的开发规划和申请,构成了场地的未来蓝图和开发潜力。

大规模的城市设计往往经历好几代人。波波罗广场是进入罗马的主要入口，可以追溯到公元272年。当时作为城市的防御设施，在通往广场的门户波波罗港口这个地方建造了奥利莲（Aurelian）城墙。之后，广场历经了一代又一代的不断翻修和改造。在中世纪直到文艺复兴时期的罗马，教皇制度在维护传统城市建筑方面具有特别重要的作用。我们今天所看到的样式是瓦拉迪耶（Valadier）所设计的。拉伊纳尔迪（Rainaldi）旁边是一对孪生姊妹教堂，东侧是中央方尖塔，西边坐落着半圆形或环形的聚会广场。[1] 在大型城市设计当中，培根（Bacon）特别强调后来二手设计师的作用。[2] 正是通过二手设计师的创作，决定着原先设计师的动态设计思想能否得到实现、发展、提高或被破坏。二手设计师不得不放弃其自高自大的本性，来创造与自己的一贯风格所不同的设计。培根以佛罗伦萨安农齐亚塔（Annunziata）广场为例，说明二手设计师无私慷慨的精神。在建造孤儿院的时候，设计师布鲁内莱斯基（Brunelleschi）设计了安农兹阿特广场，并赋予其以动态发展思想，也就是我们现在所能看到的式样。布鲁内莱斯基去世90年后，圣加洛（Sangallo）老人完成了对面广场的设计。在慈善医院拱廊的设计上几乎完全照搬了伯鲁乃列斯基的手法。[3]

　　相对于城市总体规划，城市开发设计师类似于上面所提到的二手设计师，其地位非常重要。当然，与城市开发相关的其他各个方面的作用也不可低估。城市的形成是无数人和众多群体共同劳动的结果。在城市设计这一长时间的社会活动过程中，大家都有义务对现有城市环境的形成和发展，以及能够引导未来发展方向的一些城市结构进行调查和了解。

　　场地的历史和现状调查是任何城市设计项目都必不可少的环节。历史和现状调查之后，就是设计思想的激发。面对着近乎自然和不言自明的构造要素，理解和把握设计原动力比按常规的历史现状进行调查要难得多。它需要对那些支配城市发展历史、现状和未来的历史原动力进行充分的理解和分析。只有这样，设计人员才能有效地发挥"二手设计师"的关键作用。

　　按照前面有关章节所列出的场地历史现状的调查内容逐项逐项地认真完成，对任何城市设计项目来说都至关重要。接下来就是对城市形成和发展主要影响要素的理性分析和研究。主要内容包括地理、地形、地质、土壤和排水要素分析，中轴线、分支线及标志性走廊的确认，具有历史意义建筑的保护，活动焦点分析，城市的古代变迁移动模式，权力的更替及其所产生的影响，随土地价值升高和降低而变化的经济发展模式，开发密度、建设条件及其占地面积，人口迁移、侵入和延续模式以及与交通运输方式相关的功能区的开发模式等。

1585~1590年，教皇西格斯图斯五世（Pope Sixtus V）与其建筑师丰塔纳（Fontana）对罗马进行了规划设计。在这里会看到罗马城市的发展受到了原有城市格局的强烈影响。该规划为中世纪嘈杂混乱的罗马勾画出了清晰的发展框架，其设计手法对后来产生了深远的影响。宽阔笔直的街道连接着七个教堂和教徒每天都朝圣的圣殿。沿着一条朝圣路线，塞斯突斯五世最早在罗马建起了类似于现代城市的交通网络。[4] 每条大街的终端与朝圣中心相连接，起到轴线的作用。朝圣中心有起源于埃及的方尖碑，当时罗马的统治者主宰了整个地中海地区。古代的朝圣路线构成罗马城市的基本结构，并一直延续下来，房地产开发也都围绕着这个基本结构展开。即使是今天，来罗马的观光者和朝圣者也都离不开这些古朝圣路线（图3.3~3.5）。

在很长一段时期内，罗马街道格局仍然主宰着城市结构。欧洲许多结构格局不错的城市，都带有公元1世纪古罗马的痕迹。切斯特市就是最典型的城市之一。从黑暗时期城市的衰退开始，直到中世纪城市再生这一段时间里，切斯特的罗马式格栅格局逐渐

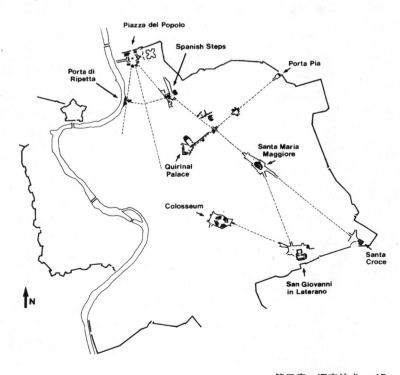

图3.3 西格斯图斯五世（Sixtus V）提出的罗马规划方案

图3.4 罗马圣玛丽亚·马焦雷街
区（S.Maria Maggiore）

图3.5 罗马的西班牙广场大台阶

形成。街道按照罗马式布列，两旁建造半木质的2层拱廊式商店，看上去让人感到神清气爽。在处理历史遗产保护利用和当代经济发展的关系方面，切斯特市是一个很好的典范（图3.6~3.8）。在伦敦的道格斯岛上，柯斯令（Gosling）曾试图通过辐射线或轴线，将格林威治地区伊尼戈·琼斯旁边的王宫与莱姆霍斯（Limehouse）地区靠近霍克斯摩尔（Hawksmoor）的圣安大教堂连接起来。中轴线作为结构线，用它来界定多克兰德地区旧城改造的规模和范围。但是由于该设想没有实现，导致这一大片地区错过了发生历史性改变的机会（图3.9~3.12）。[5]

　　20世纪六七十年代，诺丁汉市的城市规划走向了错误的方向。部分原因是由于执行了所谓的"现代主义"的建筑结构式的城市规划设计理念。当时的规划建设几乎完全没有考虑诺丁汉市的历史发展过程。今天看来，有许多地方需要进行修正改造。用亚历山大的话来说，就是"需要进行治疗"

图 3.6　切斯特市一角

图 3.7　切斯特市带拱廊的沿街建筑

图 3.8　切斯特市街道

第三章　调查技术　47

图 3.9　道格斯岛格林威治轴线

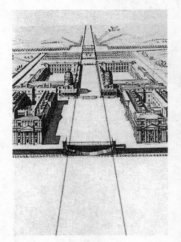

图 3.10　格林威治

图 3.11　圣安大教堂，莱姆霍斯

图 3.12　圣安大教堂，莱姆霍斯

图 3.13　梅德·玛丽安路（诺丁汉市）

（图3.13~3.16）。[6]诺丁汉市是同时代英国以及欧洲许多城市的缩影。即使在今天，诺丁汉市的主要地形地貌和历史发展脉络仍然很明显。有两大因素影响着诺丁汉市的结构布局。诺丁汉市坐落于特伦特（Trent）河上，该河不仅可以通船，而且也可徒步涉过。本特（Bunter）砂岩上生长着茂密的舍伍德森林，因河流冲积形成峭壁，长约2英里，俯瞰着特伦特冲积平原。最早的定居者生活在砂岩的最高位置上，三边有嶙峋的岩石包围，能起到很好的防护作用。早期定居者的痕迹仍然可见。撒克森或盎格鲁人以莱斯市场为核心，位于市中心的东侧。诺曼底人则位于市中心的西侧，坐落于卡斯尔，是该地区最易守难攻的地段（图3.17~3.18）。[7]

图3.14 诺丁汉市维多利亚购物中心入口

图 3.15　诺丁汉市维多利亚购物
中心入口

图 3.16　诺丁汉市维多利亚购物
中心入口

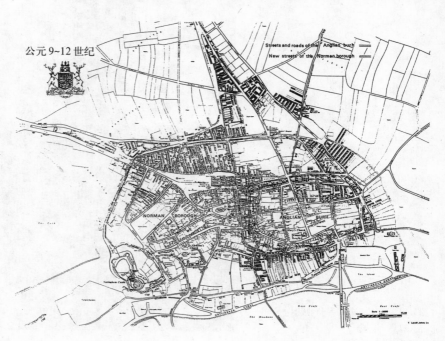

公元 9~12 世纪

图 3.17　中世纪的诺丁汉

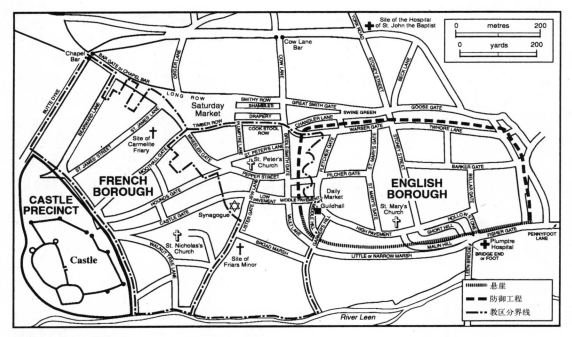

图 3.18　中世纪的诺丁汉

　　大约从 12 世纪开始，这两个部落开始融为一体，出现了集市广场，当地人称为"石板广场"（Slab Square）。市中心的核心区就围绕着这个巨大的三角广场建立。诺曼底人与撒克森人中心定居区之间以及集市广场之间通过一些狭窄的中世纪街道相连接，如城堡门路（Castle Gate）、洪兹门路(Hounds Gate)、铁匠门路(Bridle Smith Gate)等（图 3.19~3.21）。与许多英国其他城市不同，诺丁汉市明显地受到河流的分隔限制。利恩河（River Leen）于 13 世纪改道，流经卡斯尔，但从来没有成为主要贸易通道。直到 18 世纪 90 年代随着运河的开通和沿岸大量仓库、货栈的建造，中心区才开始向南偏移。早期铁路都布设于城市建成区的外围（图 3.22）。[8] 铁路扩张时代，进入诺丁汉市最方便的路线是穿过草甸区的南线。入口位于建成区边缘的卡林顿（Carrington）大街南端。北部的维多利亚车站于 1901 年建成使用，服务于大中心区和大北线。穿越诺丁汉市心脏地带，连接维多利亚车站和米德兰车站的大中心线，于 1967 年由比钦（Beeching）下令关闭。米德兰德车站曾于 1903~1904 年进行过大规模的重建。大中心线的关闭显示出管理和规划者目光的短浅。尽管 20 世纪初诺丁汉市有了较大发展，但是第二次世界大战以后一直到最近一段时期，城市的发展建设仍然主要集中在集市广场一带。[9]

梅德·玛丽安路始建于1959年，1960年建成通车。修筑该路的目的主要是为了汽车的通行。该路打乱了中世纪所形成的由卡斯尔向外的辐射状格局。北面新建了维多利亚购物中心，南面建起了布罗德马什商场，增加了商业用地面积。鼓励开车购物，建造了多层停车场。城市中心区沿南北轴线延伸，集市广场和莱斯广场附近地区商业活动大幅度减少。围绕着南端的商业中心布罗德马什修筑了庞大的旋转式道路系统，切断了与城市中心心脏地带集市广场的人行通道（图3.23～3.24）梅德·玛丽安路、维多利亚购物中心和布罗德马什商业中心及其附属设施，这些20世纪六七十年代建造的东西与诺丁汉市的规模极不相称，可以说是欧洲最低劣的城市规划和开发了。购物活动向维多利亚购物中心的转移，城市边缘设施的建造如马里纳城堡（Castle

图3.19　诺丁汉市城堡门路

图3.20　诺丁汉市城堡门路

图 3.21　诺丁汉市铁匠门路

图 3.22　诺丁汉市早期铁路网

图 3.23　诺丁汉市布罗德马什商业中心

图 3.24　诺丁汉市布罗德马什商业中心

Marina)（距集市广场约 1 英里），以及城区以外几个大型商业和零售业网点的设立，给诺丁汉市原来标志性的、商业活动心脏地带带来了更为严重的损害（图 3.25～3.27）。

　　20 世纪 70 年代，诺丁汉市进行了交通规划试验，沿中心城区建立了环形道路，目的是控制进入中心城区的私人小汽车的数量，为公共交通让路。受诺丁汉市当局以及后撒切尔时代中央政府保护控制主义的影响，在诺丁汉市以及大伦敦地区所进行的那些具有前瞻性的规划试验被迫终止了。直到最近，在需求主导一

图 3.25　诺丁汉城郊商业中心

图 3.26　诺丁汉城郊商业中心

图 3.27　诺丁汉城郊商业中心

切的思想指导下,设置小汽车专用通道成为城市道路交通规划的
主流。还有一个简单的观念,就是城市交通问题的解决,可以通
过解除对公共汽车的管理和修建更多的道路来实现。矿物燃料是
有限的,矿物燃料的燃烧造成大气污染,并且释放温室气体,这
一点越来越被人们所认识。政府部门观念的转变,激励人们去寻
找建立更有效的城市公共交通体系。高效公共交通体系的建立还
可以重新激活中心城区的活力,使其重新成为重要的商业、办公
和居住中心。诺丁汉市正在通过筹集资金建设轻轨快速运输系统
(LRT),建立新型的城市公共交通体系。新型公交体系可以延伸
到公园和骑猎场所。沿运河的中心城区正在进行开发改造。税收
大厦、法院大厦已经完工,一些其他公共、商用和居住用建筑也
在建造之中。运河两岸是中心城区扩展的必经之地,从这里可以
与铁路枢纽中心相衔接。米德兰火车站地区规划建设了通往中心
城区的景观人行道、自行车道和其他公共交通通道,成为通往中
心城区的一道亮丽的风景线。

　　诺丁汉市今后往哪里去?为治愈 20 世纪六七十年代留下的
创伤,该市正在制定全面的规划设计方案。私人小汽车的使用,
以及市内多层停车场的处置等,都是需要解决的问题。可持续性
发展在当今城市设计中日益重要,在中心城区建设充满活力的居
住区也已成为当今城市规划设计的重要内容。像许多内陆城市一
样,诺丁汉市也需要有一个大型的中心地带,在这一地带行人得
到优先考虑。最后,诺丁汉市所面临的最大困难,也许就是如何
处置 20 世纪 60 年代所建造的两大购物中心,维多利亚购物中心
和布罗德马什购物中心,以及极不协调的内环路和梅德·玛丽安

路。这些规划建设带有同时代英国许多其他城市的特征,对诺丁汉市中心城区的结构造成严重毁坏。

城镇景观分析

城镇景观分析包括三个主要方面。一是城市结构的可感知性,也就是人们对所处环境的感觉、理解和反应。对某一特定地段能够抓住特征,迅速识别出来。二是环境的可渗透性,即它能为使用者所提供的环境选择幅度的大小。三是与传统城镇景观观念很接近的视觉感受。[10]视觉分析包括城市空间分析、建筑物外表面分析以及地面铺装、房顶线、城市雕塑分析和视觉综合性分析等方面。

感觉结构

在20世纪的开发大潮中存活下来的许多小型传统城市以及一些传统城市中的某些地段,都有其独特的魅力。但是居住在其中的人们却常常有被现在的商业大潮所疏远的感觉。可辩识性是传统城市的重要特征之一。传统城市"易读"。最高大的、最引人注目的往往就是最重要的公共建筑或宗教建筑,主要的公共广场和步行街都精心装饰,有喷泉、雕塑、装饰灯等等。市内街区划分明确,有独具风格的冠名,如诺丁汉市的莱斯市场、伯明翰市的珠宝市场等。每一个地方都有明确的起始界限,有集会中心和商业展示中心。凯文·林奇(Kevin Lynch)提出了一种用于城市可辩识性分析的方法。按照林奇的方法,对新的开发地段,可以使其结构特征明显、易于辨识;对于那些因现代开发建设导致环境受到损害的现有地段,可以增加其可辨识性。[11]

林奇用一幅假想图像来解释他的研究成果。他认为,清晰可辨的环境,就是人们能够在头脑中将其构建成一副精确的图像。有了关于城市的这幅直觉图像,人们就能对环境做出更有效的反应。莱克发现,对某组特定的城市群体,其图像特征具有相同性。对这些具有共同特征的图像进行描述是城市设计所要研究的基本问题。城市图像的构件需要五个关键特征量,即通道、节点、区域、边缘和地标。[12]

通道或许是图像构件中最重要的结构因素。在大多数人的头脑里,其图像特征都与主要的通道网络相联系。不管是步行、骑自行车、乘公共汽车或驾车,都离不开通道。通道是我们在市内移动的必经途径。减少私人汽车的数量,就会不可避免地提高步行通道的重要性。人行通道网络构成一个城市街区的典型图像特征。容易记忆或者能使人产生深刻印象的通道,最容易在人们的头脑中留下印记,其两旁常常分布着重要的地段和地标。

节点是活动的焦点，如通道连接点、集会地点、集市广场以及交通中转站等。按照亚历山大的观点，在生机勃勃的通道上，节点之间的最大距离不超过300m。[13]城市、城镇和村庄一般都有一个中心地带，构成最重要的节点，作为一个地方的象征。诺丁汉市的集市广场就是城市象征的范例。20世纪60年代市场迁出，那里不再是诺丁汉市的购物集中地带。但是，最近最成功的城市足球队诺丁汉森林队得胜归来时，就是在集市广场向球迷们展示他们的奖品的。也是在集市广场，在议会大厦穹顶之下的台阶一侧，在雄狮雕塑旁边，年轻人组织集会。集市广场有喷泉、铺装花园和座凳，是举行各种庆祝活动的首选之地。除夕之夜，人们都聚集在市议会总部议会大厦前，庆祝新年的到来。在进入城区的通道上还有其他重要的节点。城门地区能够方便行人休息和购物，并能控制人流数量。波波罗广场作为罗马市的北大门已有近2000年的历史了，它是城市入口节点的典范。我们感觉研究的目的，就是要确定各个节点的分布和位置，并按类型、功能和相对重要性对节点进行分类。

地标是一定距离内的地面参照物。与节点不同，它是一个三维的、类似雕塑性质的物体。地标可以是天然形成之物，如诺丁汉市的卡斯尔岩床，或重要的纪念性建筑，如诺丁汉市议会大厦的穹顶。伦敦特拉法尔加广场上的尼尔逊柱是典型的城市地标。地标常具有为陌生人导向的功能。地标并不一定总是那些大型的纪念性建筑，那些更常见的东西，如形状怪异的购物橱窗，以及规模不大但容易发现的街道喷泉，都是很好的地标。研究的功能之一，就是要发掘那些隐藏的小型地标。通过感觉发现一个地方的活力和兴趣所在，是一件错综而复杂的事情（图3.28~3.31）。

城市按街区来划分，每一个街区都有其独特的特征。城区是中型或大型的城市划分单元。伦敦有两个著名的城区，分别为搜狐和梅菲尔（Mayfair）。诺丁汉市像许多中等大小的城市一样，也划分为许多区，如任顿区、公园区、森林区和草甸区等。每个城区都有其知名的地方，区内的居民或工作群体与区外具有明显的对比区别。区与区之间有明确的界限。分区边界的确定是确定所研究地段的特征及其影响程度的重要一环。

用于城市的图像构建的最后一个要素是边缘。与通道功能相比，当界限功能更重要时，边缘就是一个二维的线性要素。典型的边缘有铁路线、河流、海边、峭壁等。亚历山大认为边界必须"丰满有肉"并允许有跨边界的流动。[14]"丰满有肉"的边界反映了城市生活的综合性，各种活动相互重叠融合，永无止境。市内

图 3.28　诺丁汉市卡斯尔岩床

图 3.29　诺丁汉市卡斯尔岩床

图 3.30　伦敦特拉法尔加广场的尼尔逊柱

图 3.31　伦敦的伦氏柱

各区之间的边界诚如上述,但是对于一些感觉性的结构物,如河流、海边,就不那么明显了。如果所有的边界都建造得像监狱的外墙,只有一两个出入口供人出入,那么该座城市就极其单调乏味了。以安全为第一要旨的北美式的住宅建设就是如此。即使海岸所形成的边界也不能完全成为一道屏障,而是应通过打渔人、游泳者和娱乐船只等手段与陆地建立联系。现代文明城市各区之间在建筑风格上都有明显的不同。而贝尔法斯特市的"和平线"由于修筑有高大的安全围墙,给人一种被完全排除在外的感觉。

就一座城市而言,在城市的可辩识性方面,通道、节点、地标、街区和边界分别扮演着各自的角色。在小范围地段上,如城市大区或小的街区,上述五大要素仍然具有相似的功能。比如,在城市大区下面,有次要通道、节点、地标以及具有明确边界的、可以区分的亚地段。设计师利用这些结构性的概念,可以将考虑的重点集中在实体构成要素上,创造出令人印象深刻、感觉丰富的城市或城区。

渗透性研究:私密性与可接近性

我们的生活既有公共性,也有私密性。文明社会的一个重要标志,就是居民可以自由地、安全地在大街上行走。在城市里面,政府的功能之一就是确保公共空间的安全,保证居民具有一定的私密性。对一个家庭来说,政府既要保证其安全和私密性,又要保证其能够很方便地接近和使用公共空间。家庭的私密性与公共空间(如街道、广场、公园)的可接近性是一对矛盾的两个方面。这一对矛盾的解决要在公共空间与私有王国之间的交界面上寻找答案。公共空间与私有空间之间的界面设计涉及到法律方面的问题。本节将要讨论的内容,就是如何研究和理解给定地段的私密性与可接近性之间的关系。重点介绍如何处理环境中相互对立的各个因素,指出在哪些地方可以进行改进,为与公众对话打下基础。

本特利等(Bentley et al.)认为,物质上和视觉上的可渗透性取决于公共空间对环境的划分,也就是公共空间如何把环境划分成"小区",这些小区完全被公共通道所包围。[15]很明显,就给定地段来说,与数量稀少、宽广笔直的大型街区相比,小区能有更多的通道。下面我们将诺丁汉市的莱斯市场和维多利亚购物中心作一下对比(图 3.14~3.16,图 3.32,图 3.34)。维多利亚购

图 3.32 诺丁汉市莱斯市场入口 (从中央大街看)

图 3.33 诺丁汉市莱斯市场入口 (绕过周日教堂)

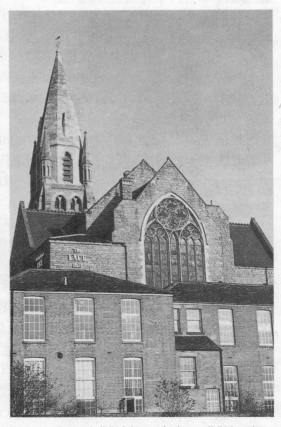

图 3.34 诺丁汉市莱斯市场入口标志——莱斯大厦(The Lace Hall)

现在的莱斯大厦已经改成了酒吧和餐馆。在周日教堂附近还设立了游客服务中心 (参见图 4.11, P89)

物中心归私人所有，其内部的街道布置主要考虑所有者的需要。通往购物中心内部的人行道只有四个入口。一进入像诺丁汉市维多利亚这样的购物中心的商场，就会使人明显地感觉到进入了私人领地，而不是公共空间。未来设计师所面临的问题，就是如何打破像维多利亚购物中心这样的原有开发格局，提高公共空间的可接近性。对于街道和小区布局，一般可接受的渗透性标准为1英亩到1公顷。[16]按照这个标准，街道的交叉点大约位于70~100m之间。街道和小区格局是衡量渗透性和可接近性的重要指标，同时它又是衡量居民活动方便程度的重要参数。

　　街道格局决定着其与邻近地区可渗透程度的高低。传统的小街区格局往往是，周围有公共道路环绕、通道多，并且选择的余地大。而建立在单向开发之上的等级街道格局通道少，选择的余地也小。等级式格局降低了小区的渗透性，见下例（图3.35）。

　　从A到D只有一条通路，必须沿着B和C才能到达D，从A到D没有直接通道，只能沿着ABCD的方向，而不能沿着ADCABCD的方向到达D。等级式格局呆板单调、选择余地小，常形成死胡同。[17]然而，值得注意的是，在传统穆斯林城市中，死胡同式的街道布局运转良好。在穆斯林社会中，私密性和家庭隔离占有头等重要的地位。现在的西方城市当中有许多穆斯林信徒，对他们来说，死胡同的格局没有什么问题，特别是那些居住在偏远地区的穆斯林。死胡同式格局安全性高，抢劫、强奸、偷盗等犯罪分子不容易逃跑。为遵纪守法的居民设计渗透性高的环境，必须仔细斟酌。既要使他们享有一定的自由度，又要使他们具有较高的安全感，不受或少受违法犯罪者的侵扰。

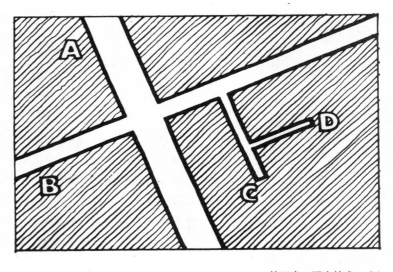

图3.35　等级式格局降低渗透性
从A到D只有一条通路，必须沿着B和C才能到达D，从A到D没有直接通道。只能沿着ABCD的方向，而不能沿着ADCABCD的方向到达D。等级式格局呆板单调、选择余地小，常形成死胡同

街道上的公共安全性主要取决于使用频率。从这个意义上说，街道的使用频率以及构成形式更重要。街道的使用频率高或者能得到周围房屋使用者的监护，安全性就高。雅各布（Jacob）对这种街道所用的术语为"自我警护"。[18]行人与机动车的完全隔离在某些情况下可以减少街道上的活动，为违法者提供机会。行人日流量大的街道适宜开发为步行街，而机动车道则不宜开发为步行街。除上述两种类型外，还有其他类型的城市街道。对有些路旁植满树的林荫大道，道路设计师在设计时就分别为行人和机动车安排了通道。荷兰的伍内尔夫（Woonerf）曾试图将行人和机动车安排在同一条邻近道路上，要求机动车的行驶速度与步行或骑自行车相仿。渗透性研究就是要对现有行人、自行车和机动车的运行状况进行评价，找出那些活性差的盲点或死点以及行人与机动车相互冲突的位点。对于那些有麻烦的地点和易发生暴力犯罪的"不能去"的地方，当地居民最能提供有价值的信息。

在公共街道上，既要保证有一定的私密性，又要维持友好安全的环境，这就要处理好公共空间与私有空间的界面结构。通过视觉和实体效应，建筑物立面起着私有空间和公共空间界面的作用。城市内的许多地方都有一个从公共空间、半公共空间、半私有空间到私有空间的变化过程。家庭私有空间与街道上公共空间的界面就是建筑物立面，包含了公共空间和半私有空间。家庭的前花园、阳台、饰有花边的橱窗以及门廊都有维护街道安全的作用。街道路口以及其他视觉连接，都能提高公共空间的可感知性和公共空间的活力。渗透性研究的结尾是对街道立面的分析。要特别注意街道立面与建筑立面很少或几乎没有视觉和实体上接触的地方，以及那些能够提高私有空间与公共空间渗透性和丰富街景的地方。

视觉分析

视觉分析包括三个主要方面：三维公共空间研究、形成公共空间的二维平面研究和特定地点的结构分析。

有不少书籍材料对公共空间的优点及其组成作过研究介绍，最典型的要算西特（Sitte）的具有启发性的著作了。[19]本书不打算重复这个主题，只是大致介绍一下在外部空间调查和分析中所要用到的一些主要技术。随着观察者的移动，城市空间在大脑中形成一系列的视觉影像。[20]记录空间构成最普通的工具就是照相机和三维透视画面（图3.36和图3.37）。用这些手段进行分析时，必须仔细选择好视点。同时还要选一些特殊点，如由窄小的通道到明亮宽广的公共广场的转折点，进行特殊的结构分析。据说，一系列的图像一旦登录大脑，就会形成一条记忆通道。各观察点

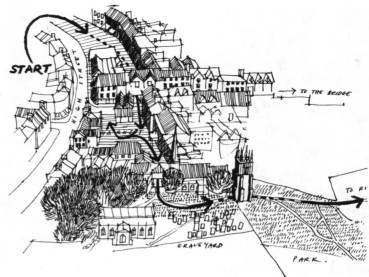

图 3.36 城市景观草图（卡伦）

人行道与行车道相互隔开，小路越来越窄，而大路则避免了这种情况。

窄道的尽头可以窥见出口……

……马路对面展现出勃勃生机。

……这里出现了集市。

从这里环绕四周，所期望的沿高街的景观被遮挡，完整的过渡得以实现。

图 3.37 城市景观草图（卡伦）

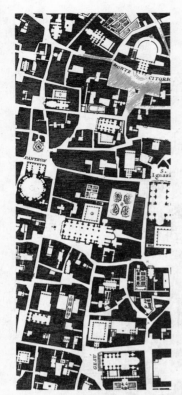

图3.38 加姆巴梯斯塔·诺利 (Giambattista Nolli)绘制的罗马地图片断

结构特性的不同，对所研究地区能够得到必需的、图画式的信息很有帮助，但有时也会夸大其优点。

长期以来，二维地图一直用来表示公共空间的形式和分布。城市设计最感兴趣的地图是诺利（Nolli）于1748年所绘制的罗马图(图3.38)。地图上，街道和广场用空白、建筑物用黑色实线标出，但主要的公共空间以及建筑物之间的半公共空间也用空白标出。诺利的地图所展示的是外部空间及其与内部空间的联系。内部空间由教堂和其他公共建筑所构成。在记录城市公共空间，并对其分布和连接进行分析时，这一技术非常有用。读图时，眼睛会对图上建筑物之间的空白空间和建筑物的黑色实体产生适应。吉伯德（Gibberd）建议使用另一种地图。[21] 建筑物用白色表示，公共空间、街道和广场用黑色表示。使研究者将注意力集中在建筑物之间的空间，而不是集中在建筑物及其形式上（图3.39）。视觉分析应采用这两种类型的地图。通过上面两种类型的研究分析，可以发现研究地段的基本空间构成特征，找出公共空间围合与连接的弱点和不足。

空间分析常用的技术有航空相片、透视图片和轴测图等（图7.6~7.10）。航空照片可以展示出在一定时间内，建筑与其周围公共空间和私有空间之间的关系。但是，视点的选择往往不容易控制。一系列按时间顺序拍摄的航空照片可以提供有关该地开发情况的很有价值的信息。透视图和轴测图视点的选择和控制较方便。轴测图比透视图更容易构建，当只简单地展示建筑物方块时更是如此。因此，在设计分析阶段常使用轴测图。如使用计算机，分析过程就更简单了。计算机可以将二维的、带有点的高程的地图转化成多视点的系列轴测图。所以，轴测图是强有力的设计工具。透视图通常用于向客户或公众展示完整的设计方案。

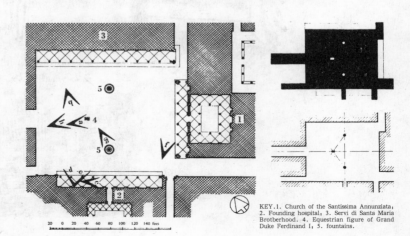

图3.39 佛罗伦萨安农齐亚塔（Annunziata）广场地形分析（吉伯德）

KEY.1. Church of the Santissima Annunziata; 2. Founding hospital; 3. Servi di Santa Maria Brotherhood. 4. Equestrian figure of Grand Duke Ferdinand I; 5. fountains.

20 0 20 40 60 80 100 120 140 feet

J·H·阿伦森（J.H.Aronson）所采用的畸变鸟瞰图，可以展示出公共广场形式及其与其他城市组成部分之间的关系，也是非常杰出的城市构型分析工具。[22]畸变鸟瞰图多消失点，被描绘对象变形失真，但通过旋转图画可以很清楚地展示出建筑物立面与其所围成的空间之间的关系（图7.9）。三维模型也是城市构型分析的有用工具。用于城市设计的模型多种多样。构造复杂、装饰漂亮的模型通常被保留起来用于展示（图7.11～7.14）。一般用于分析和测试不同设计思路的模型生动活泼、易于建造。吉布森(Gibson)谈到了廉价模型的好处。他认为，公众参与设计过程时，没有什么东西比装饰漂亮的三维模型更直观有用了。[23]模型一展示出来，就不用再说什么话了。喏，这就是我们的设计方案。吉布森建议使用廉价的材料制作模型，如纸模型。参与者可以对模型进行改变、移动、破坏或重建。很明显，吉布森提倡的纸质模型确实有助于公众参与到设计过程中来，是一种非常有用的公众参与工具（图3.40和图3.41）。

图3.40　仿真规划模型

图3.41　仿真规划模型

通过对围成公共空间的现有表面的研究，可以为色彩、材料、房顶线以及建筑和它周围的节点之间关系的安排提供线索。大多数传统城市都有一套色彩体系和建筑材料体系，它们构成了该市所独有的特征。[24]朗克洛（Lenclos）提出了一套色彩研究技术。用他的技术，在未来的城市开发中，可以使其色彩与该市原有的色彩体系相一致。[25]朗克洛的做法是，从被研究地区采集色彩样本，用这些样本制定出一个色彩范围，供未来开发选用。该技术还可延伸到建筑材料的选用上，包括墙面材料和铺地材料等。特例分析应该注意到色彩、材料的细微变化以及区与区之间的微小差别，注意不同区之间在通道、节点以及地标等方面所具有的独特特征。色彩和材料规划可以使构成城市图像的五大感觉要素更加清楚、与众不同。

房顶线是一个很引人注目的特征。它既反映当时的财富分配、权力分配及其影响，又反映过去的权力结构。在未来开发中确定建筑物高度时，第一步要做的就是对现有房顶线进行视觉分析。考虑到可持续性发展和能源的有效性，城区屋顶线和建筑物的高度一般以3~4层楼房高度为宜，与传统城市的建筑高度相仿。[26]自然地，摩天大楼作为毫无意义的高度竞争和商业利益的象征，应该寿终正寝了。

建筑物高度分析有两种方法。一是霍尔福德（Holford）在研究伦敦圣保罗大教堂周围地区建筑物高度时所采用的方法，另一项是旧金山高层建筑规划中所采用的方法。[27]圣保罗教堂的穹顶是伦敦最引人注目的地标。在对圣保罗教堂境域进行规划研究后，霍尔福德认为应保持现状。他选取几个关键视点对穹顶进行了仔细的透视研究。在关键视点与教堂穹顶之间只放入相同高度的建筑，或者放入不同高度的建筑，但不能损害到穹顶的视线（图3.42~3.44）。据此，霍尔福德提出了圣保罗教堂境域建筑高度规划。在洛杉矶，建筑物高度或房顶线规划是建立在对地形的仔细分析研究之上的。建筑形式用来增强地形感，创造"山丘和碗盆"的效果。高大的建筑建造在山顶上，较低矮的建筑位于山谷之中。

从某种程度上，显示城市特色的另外两个因素是街角的处理和地面设计。许多传统城市都有装饰华丽的街角。街角被看作是一种简单的结构类型。[28]对特定的研究地段，街角是分析街道节点的有力工具。街角设计应富于想像、装饰精美、鼓励创新，而不是限制新思路的产生。人行道及其连接点的地面处理方式最易引起行人的关注。它们是大街上公共部分与私有部分进行交流的区

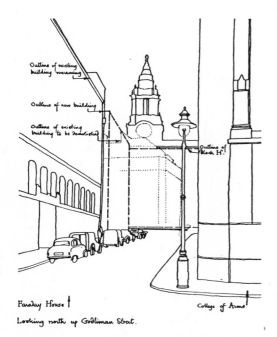

图3.42 伦敦圣保罗教堂房顶轮廓分析(霍尔福德)

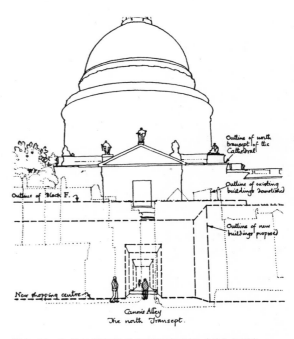

图3.43 伦敦圣保罗教堂房顶轮廓分析（霍尔福德）

域。充满活力的城市常有生动活泼的地面，伴随着众多的出入口、林立的购物橱窗和通往家庭庭院的小巷。利用正视图或一系列的图片对地面情况进行视觉分析，就可知道哪些地面设计受欢迎，哪些地面设计运转良好。还可以发现那些不能激发活力、没有临界面的"死区"。这种"死区"由于行人都予以躲避，需要修正。

城市环境计算机三维模型很有用，可以用于城市设计的各个阶段。最明显的用途之一就是，将单个建筑或公共空间的改变用很形象化的形式表现出来。计算机三维模型技术不是传统视觉分析技术的延伸。传统视觉分析技术需要各种类型的透视、众多的物理模型和图像记录。斯特拉思克莱德大学（Strathclyde）设计了爱丁堡老城的计算机三维模型。巴斯（Bath）大学设计了巴斯乔治城的计算机三维模型。用这些模型可以分析判断拟议中的开发规划对现存城市结构的影响（图7.17）。有了计算机模型，对方案的任何改变都可以迅速作出评判，便于公众参与。过去，规划方案多用透视图表示，常经过巧妙的技术加工，隐去规划委员会所要求的真实内容，给公众参与造成迷惑和混乱。直到建筑建成后，才发现它侵占了周围的环境，而在参与方案讨论时却没有发现。计算机三级模型就可以克服这种现象。它可以从很多不同的视点给出相应的

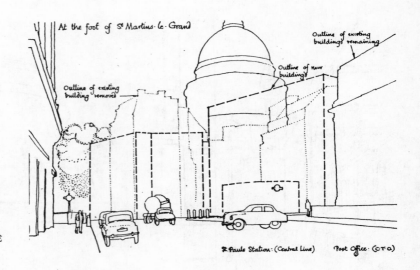

图 3.44 伦敦圣保罗教堂房顶轮廓分析（霍尔福德）

精确的透明图，并通过计算机强大的分析运算功能，就拟议中的开发对邻近环境的视觉影响效果做出分析判断。[29]

个案研究：哈弗福德韦斯特镇规划

1995 年夏，彭布罗克郡发布了筹资标书。作为标书的一部分，21 世纪城市式样公司（CITYFORM 21，一家城市设计咨询公司）提供了城镇景观分析报告。报告采用了林奇的感觉分析技术，并进行了视觉分析研究。标书的目的在于激发城市改造动力，寻找开发改造机会。

哈弗福德韦斯特是彭布罗克郡的一个小镇，横跨一条小河。该镇有许多引人注目的地方，中世纪的街道格局、醒目的沿街建筑，以及丰富如画的城市结构和地标（图3.45～3.48）。开发

图 3.45 哈弗福德韦斯特镇入口

图 3.46　流经哈弗福德韦斯特镇的河流

图 3.47　哈弗福德韦斯特镇高街

图 3.48　哈弗福德韦斯特镇乔治商店

1.中央环境区（EA）

2.卡斯尔区 EA

3.集市大街/山羊大街区 EA

4.圣托马斯·格林区 EA

5.帕拉德区 EA

6.丘街区 EA

7.河边区 EA

8.行政中心区（EA）

图3.49　哈弗福德韦斯特镇环境分区

的目标是体现其中世纪的特色，更好地发挥其作为地方城镇的重要作用，将日益衰弱的哈弗福德韦斯特建设成独具特色的威尔士城镇。

以哈弗福德韦斯特镇主要视觉构成要素为基础，分析研究它的结构构成形式，进而获得连贯一致的景观视觉。林奇所描述的五种类型的感觉结构要素在这里都得到了确认。通过对城镇整体结构的分析，就可以较清楚地区分各个不同分区。每一个小的分区都有其明显的特征、清楚的边界，并且至少有一个重要的节点连接主要的通道，通向邻近区域。图3.49列出了主要分区，图3.50又进一步用地图的方式进行了展示。对某个小的分区而言，周围的小分区就成为它的环境，它们往往需要采取共同的行动。

通过对哈弗福德韦斯特进行视觉分析研究，找出了其主要的

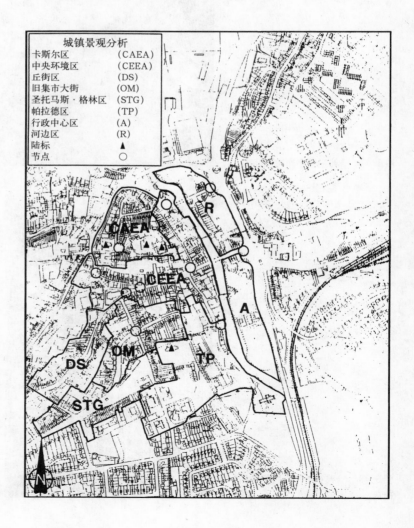

图3.50 哈弗福德韦斯特环境分区

公共空间、需要修正的结构要素及其具体修正内容。正是公共空间的大小、形状和布局方式及该镇特有的街道和广场，才使哈弗福德韦斯特镇具有了中世纪的特征。临街建筑、树木、篱笆、墙面，甚至那些突凸的广告牌，一起围封形成了该镇的公共空间。这些元素都被看作是需要改进的空间结构要素。更祥细的内容涉及到建筑组成、建筑材料、建筑造型和建筑色彩等许多方面。在城镇景观分析中，这些因素有时是正面的，有时是反面的，有的时候又是中性的。只有通过详细的分析研究，才能对每一个城镇空间提出合理的改造方案。

中央环境区是最重要的分区，是哈弗福德韦斯特镇的商业中心。它由高街及其邻近的商业区构成。高街是该镇的中央骨架，沿路分布有最重要的公共空间。哈弗福德韦斯特镇留给游客的第一印象就是高街。其与河流的连接地段经过改造，可以创造出诱人的景观。作为该镇的中心，高街地区急需更新改造。21世纪城市式样公司提出的改进方案见图3.51。图3.52是该镇主要入口的类似处理方案，穿过河流进入高街。八个环境分区由规划中的街道相连接，并有相应的环境改造意见（图3.53）。

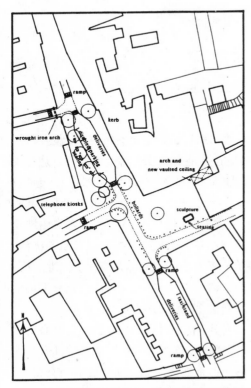

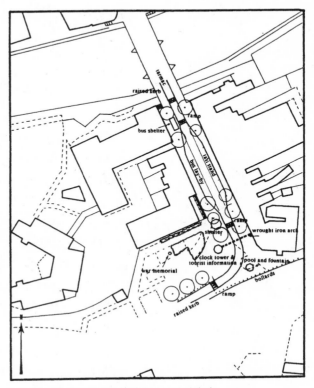

图 3.51 哈弗福德韦斯特镇 中央环境区改造方案　图 3.52 哈弗福德韦斯特镇主入口改造方案

图3.53　哈弗福德韦斯特镇街规划

　　遗憾的是，在哈弗福德韦斯特镇感觉个案研究中，没有时间和财力将当地居民也包括进来。在场地分析中，感觉研究是一项很有用的技术，但当有公职人员参与整个调查过程时，就会带有很强的偏向性。将整个项目中的一部分拿出来让公众参与，就相邻地区之间关系的处理、开发方案以及环境管理等问题自由地发表意见。这样能发挥公众参与的有效性，发挥公众参与的优势。在感觉分析研究中，多听取多方面的意见非常有用。当地居民、在当地工作的人员以及来访者都应该包括进去。让公众分组按类型参与，也是一种不错的方法，如可以分为学生、年青人、少妇、工作人员、老人以及残疾人等。按照林奇的技术，参与者需要画一张所研究地区的草图。[30]通过对草图的分析发现那些具有共性的要素。设计人员应该尽可能地摒弃大脑中所形成的固有图像，尽可能地参照由公众意愿所得出的感觉图像（图3.54～3.55）。

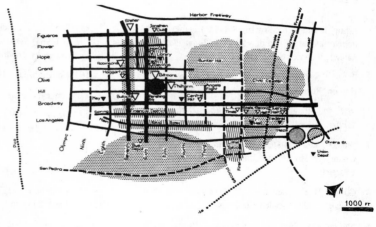

图 3.54　洛杉矶感觉图（根据图纸绘制）

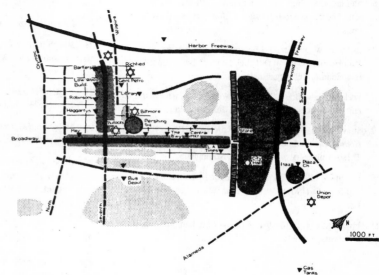

图 3.55　洛杉矶感觉图（根据实际观测绘制）

结　论

　　本章介绍了历史文化分析和城镇景观分析技术。必须强调指出的是，调查方案的选择，取决于项目的特性、项目的大小以及用于准备的时间。常会出现这样的情况：资料的搜集量非常庞大，这些资料在学术上可能很有价值，但对最终设计方案的确定作用不大。调查分析的主要目的是发现问题，并提出有创新性的解决办法。调查不能替代思维，也不能阻碍想像力的发挥。调查的目的不是为了立即获得行动方案，也不是为了获得既有现状的详细设计清单。但是，对设计地段所处的环境及其历史文化的了解是创新性设计的基础。对过去发展情况的分析和城市结构的感觉研究，都会加深对所研究城市的正确理解。再加上渗透性和视觉方面的详细研究，就构成了一幅完整的城镇景观分析图。

参考资料:

1　Ashby, T. and Pierce Rowlan, S. (1924) The Piazza del Popolo: its history and development, *Town Planning Review*, Vol. xxi, No. 2, pp. 74-99.

2　Bacon, E.N. (1975) *Design of Cities*, London: Thames and Hudson, Revised Edition.

3　*Ibid*., and Moughtin, J.C. (1992) *Urban Design: Street and Square*, Oxford: Butterworth-Heinemann.

4　Giedion, S. (1956) *Space, Time and Architecture*, Cambridge, MA: Harvard University Press, 3rd edn, Enlarged.

5　Gosling, D. and Maitland, B. (1984) *Concepts of Urban Design*, London: Academy Editions.

6　Alexander, C., Neis, H., Anninou, A. and King, I. (1987) *A New Theory of Urban Design*, Oxford: Oxford University Press.

7　Barley, M.W. and Straw, I.F. (undated) Nottingham, in *Historic Towns*, ed. M.D. Lobel, London: Lovell Johns-Cook Hammond & Kell Organization.

8　Beckett, J. and Brand, K. (1997) *Nottingham, An Illustrated History*, Manchester: Manchester University Press.

9　Straw, F.I. (1967) *An Analysis of the Town Plan of Nottingham: A Study in Historical Geography*, Unpublished Thesis, University of Nottingham, Nottingham.

10　Cullen, G. (1961) *Townscape*, London: Architectural Press, and Sitte, C. (1901) *Der Stadt-Bau*, Wien: Carl Graeser and Co.

11　Lynch, K. (1971) *The Image of the City*, Cambridge, MA: MIT Press, 2nd edn.

12　*Ibid*.

13　Alexander, C. *et al*., *op. cit*.

14　*Ibid*.

15　Bentley, I., Alcock, A., Murrain, P., McGlynn, S. and Smith, G. (1985) *Responsive Environments: A Manual for Designers*, London: Architectural Press.

16　Moughtin, J.C. (1992), *op. cit*.

17　Bentley, I. *et al*., *op. cit*.

18　Jacobs, J. (1965) *The Death and Life of Great American Cities*, Harmondsworth: Penguin.

19　Sitte, C., *op. cit*.

20　Cullen, G., *op. cit*.

21　Gibberd, F. (1955) *Town Design*, London: Architectural Press, 2nd edn.

22　Bacon, E.N., *op. cit*.

23　Gibson, T. (1979) *People Power*, Harmondsworth: Penguin.

24　Moughtin, J.C., Oc, T. and Tiesdell, S. (1995) *Urban Design: Ornament and Decoration*, Oxford: Butterworth-Heinemann.

25　Urbame, M. (1977) France: how to paint industry, *Domus*, No. 568, March, pp. 14-18.

26　Moughtin, J.C. *Urban Design: Green Dimensions*, Oxford: Butterworth-Heinemann.

27　Attoe, W. (1981) *Skylines: Understanding and Molding Urban Silhouettes*, New York: John Wiley and Sons, and Holford, W. (1950) St Paul's Cathedral in the City of London, *Town Planning Review*, Vol. xxvii, No. 2, July, pp. 58-98.

28　Moughtin, J.C. *et al*. (1995) *op. cit*.

29　Day, A. (1994) New tools for urban design, *Urban Design Quarterly*, No. 51, July, pp. 20-23.

30　Lynch, C., *op. cit*.

第四章 分　析

前　言

　　试图在调查与分析之间划一条明确的分界线，是不切实际的。对某些特定信息的搜集就含有预先的分析判断过程。毫无目的地进行信息的堆集是浪费时间，只会使结果更加混乱。即便是绘制一张简单的某一特定视点的草图，在绘制之前我们也假设它与所要调查解决的问题是相关的。图中所强调的部分更是预先赋予了一定的任务。不然的话，为什么要绘制这张草图呢？类似地，社会信息和经济信息的搜集也不是面面俱到的。只有那些能够马上利用的信息才被贮存起来，以备分析之用。调查设计所要遵循的一条重要原则就是简单明了，至少调查之初应该这样。随着分析的进行，问题逐渐暴露出来以后，再扩展研究范围。实际上，调查与分析之间并没有明确的界线。但是为了方便，一般认为设计过程的分析阶段开始于项目优势劣势分析、机会分析和因开发可能引起的潜在风险分析。本章首先介绍预报方法和预报应用方面的内容。然后介绍开发限制性因子评价技术和干扰评价技术。本章的中间部分集中讨论斯沃特分析（SWOT）在城市设计中的应用，以评价项目的优势与劣势，探讨因开发而带来的各种机会的大小，分析因突然的干扰而可能带来的风险。最后给出两个个案，第一个是诺丁汉市的莱斯市场，第二个是诺丁汉大学新校园。

趋势、预报和方案设计

　　1947年，《城乡规划法》颁布以后，英国的城市规划主要采用趋势分析法，并通过趋势分析对未来进行预测。规划就是建立在预测之上的。但是，实践证明这种通过计算而进行的预测和预报往往会出现很大的偏差。1947年以后英国人口变动趋势预报就是值得借鉴的实例。预报有时具有自应验性。20世纪60年代，曾预测小汽车的拥有量和使用量将会有快速的增长，并成为政府制定政策的基础。道路建设项目得到优先考虑，损害了其他非常有投资前景的交通运输项目。在政府强有力的支持下，道路建设又刺激了道路的使用。汽车拥有量和使用量不可避免地得到迅速增

第四章　分析　75

长，即使路程很短，人们也大量使用小汽车。汽车拥有量将迅速增长的预言得到应验。从某种程度上说，这是一个自应验性的预言。过去40多年的时间里，英国小汽车拥有量的增长分析被过分夸大了。然而这一预测，特别是汽车使用量的预测却呈现出循环特征，也就是说预报对实际的发展趋势起了强化的作用。稍加分析就会看出，未来的生活方式肯定会发生变化。对未来变化趋势的分析有助于发现所要调查的问题的特性，有助于对未来的发展趋势进行适当的修正，避免出现意想不到的结局。未来生活方式的改变是显而易见的，但它只不过是将来有可能发生的情况之一。假使影响未来变化的因素保持不变，做出符合未来发展趋势的预报才是可能的。关于预报，惟一所能够肯定的就是，预报很可能产生误导，不可能精确地勾绘出未来的发展蓝图。

影响我们的日常生活并使我们的生活方式不断发生变化的各种因素、项目本身的开发建设、设计师对项目的看法以及项目区的开发潜力，对项目开发都具有关键性的影响。为此，必须对项目区的经济、社会和文化因素进行适当地分析。对大多数开发项目来说，人口动态变化分析都是必不可少的。对目标人口未来发展变化趋势的了解，是大多数城市设计项目的基本内容之一。既可以简单地预估一下人口的增长率或衰亡率，也可以按年龄、性别、种族或社会经济团体对增长率和衰亡率进行预测。

人口研究是土地使用和空间分配的第一步。要对未来进行预测，就必须了解当前的人口状况，其中最重要的信息就是当前的人口规模。人口规模并不像听起来那么简单，它既包括常住人口，也包括旅游者和过往通勤者。对某些项目来说，这些访客占有很重要的位置。为了正确评估社区内某些特殊服务和需求情况，还需要了解人口的界限容量，可以按年龄、性别、种族或社会经济团体进行划分。较大的项目还需掌握各种类型人群的实际分布情况，由此可以标示出某些设施的位置。人口评估可以采用专门的调查评估方法，但大多数方法都是昂贵而费时的。最常用的方法是"普通人口统计调查法"。对上次的调查结果，根据调查期间内的人口变动情况加以稍许调整，就可得出下一次的调查结果。

现有人口趋势分析是人口预测的基础。掌握影响人口变动的因素及其变动情况，如出生率、死亡率、已婚人口比趋势、女性工作人员的增加趋势、家庭规模变小但数量增加的趋势等。人口现有状况和人口未来发展趋势共同构成未来人口预报的基础。

人口预测带有随机性和盲目性，特别是对小范围的人口预测，即使专业人口统计学家也非常小心谨慎。范围越小，预测的可靠性就越低。关于人口预测可以采用多种方法，但共同的地方就是，假设现有人口变动趋势保持不变，在现有人口与未来人口之间绘制出一条连续的直线图。常用的人口预测技术是"群体存活法"（Cohort Survival Method）。[1]该法将现有设计调查数据按年龄组、性别组逐年预报，直到项目结束期为止，并根据出生率、死亡率、生育率和迁入迁出率对人口变动情况进行调整。"从本质上说，该法所要做的就是对某一特定年龄的人群进行追踪。比如说0~4岁，根据预先估算的生命周期，通过生命表来推测其存活率，并考虑净迁入迁出的情况，下一个0~4岁人群的未来存活率则通过存活下来的人群的生育率来计算"。[2]

还有一些其他方面的人口信息对项目也会有用，例如人口的就业、收入和花费变动信息。就业、收入和花费等的变动信息有可能刺激住房和其他商品的需求。住房供应数量和房屋维修质量的下降、房产权属的变更，以及土地使用的总体变动情况，对项目的规划和实施都是至关重要的。最终需要调查哪些因素，需要对哪一个特定的趋势进行分析，取决于项目的特性和目的。

趋势分析是一种很有用的工具。通过趋势分析，可以将所研究的地段与它所在的城市、所在的小区，甚至整个国家进行对照比较。很明显，人口趋势分析对所研究的地段很重要。但是，当把一个局部的分析与更大范围的社区分析进行比较时，其局部的变化特性就会更加明显。趋势分析中的比较手法同样适用于就业、住房条件和小汽车拥有状况等问题的研究。所有趋势分析都应包含比较分析的内容。

与趋势分析相比，远景设计对未来的预估更具想像性。设计师首先假想出影响未来生活的各种因素，然后根据这些因素构建未来前景。许多未来有可能发生的事件，如大海使用政策的改变、石油危机、股票市场的崩溃、欧盟的加入或不加入等，都可以构建成一系列不同的方案。这些方案可以再反馈到预报当中，对分析的问题最终形成一系列不同的未来趋势。然后将趋势分析用图表示出来。对一个主题通常做三个趋势分析和相应的预报。一个是与假设相符合的，另一个是与假设不相符合的，最后一个处于符合与不符合这两种极端情况之间。远景勾画是一种最具想像力的工具，设计者在寻求设计思路时最为有用。

限制性因素分析及其解决途径

限制因子图和机会图是两个很有用的分析工具。这两个工具主要用于对影响开发的物理因素进行分析。在限制因子图上，要标出批准的项目的位置和设计方案，如道路的展宽、已批准的规划地段、土地使用或建筑物高度限制、具有历史意义的建筑以及其他在土地使用或服务方面具有重要特征的要素。对每一个限制因子都要分析其现实重要性，找到消除或减少制约限制的办法，否则就会给设计造成不利影响。机会图的内容主要包括适于开发的地段、与邻近地区的可能连接点、某地段的特征标志、在建筑上具有特别重要价值的建筑群（用途的变更会引起所在区域的明显变化）、已建成环境发生改变的位置和景观发生有利变化的区域等。

筛析图与地理信息系统

限制因子分析和机会分析可以用一组筛析图表示出来。在测绘图上将限制性因子标出，可以帮助舍弃那些因某些原因而暂时不能进行开发的区域。限制因子分析和机会分析与地理信息系统（GIS）相结合，可以提供多层面的物理和社会经济数据，以进行环境和人口方面的综合分析。在城市规划和设计中，大型三维计算机模型的使用越来越普遍。专门用于城市设计的城市信息系统也正在开发之中。对象及其信息，如文字和图像、建筑历史记载、社会统计资料、能源消耗数据以及用于制作声音和视频的数字材料等，与计算机相关联的三维模型也已经开始研发。计算机辅助的CAD设计模型加上地理信息系统强大的分析功能，将为城市设计提供全新的、强有力的设计工具。[3]

不过，目前城市设计受GIS的影响还不大，虽然它具有巨大的影响潜力。最近，已经有人开始探索GIS作为城市设计支持系统的应用前景。城市设计位于二维和三维之间。目前为止，在桌面GIS与CAD的联合上，[4]只有一些试验性的尝试。GIS与CAD在视觉化设计结合上，特别是在城市三维模型的构建上，已取得了一些成果。但是，GIS与CAD结合的主要应用潜力，还在于利用广泛的数据资料进行空间分析。GIS在城市设计中最重要的应用开发来自于MIT的工作。一些重要的工具，如框架规划、视觉分析和城市局域分析已经开发出来。[5]局部范围的小区和街道信息，如地面附加测绘图的绘制则进一步刺激了GIS作为一种城市设计工具的开发研究。某些地区的测绘图（1∶12500，1∶2500，1∶10000）含有大量的数据信息，对测绘地区的人工和自然要素有较多详尽的描绘。[6]其他方面的综合性数据还有社会经济资料[7]和航空图片等。[8]

巴蒂等人将桌面GIS的内置功能作为支持工具，试图将专用软件ArcView GIS用于常规城市设计工作。[9]在不同的设计阶段，已有专门的计算机支持系统。在图4.1中，右边一栏给出的

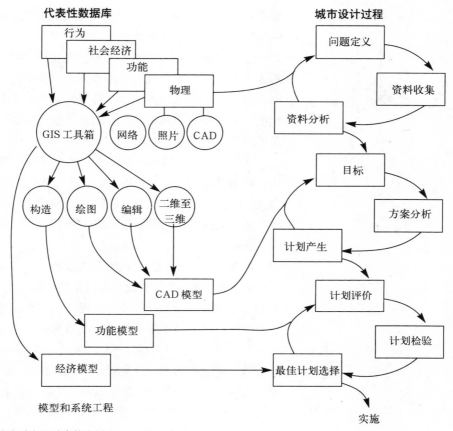

图 4.1　计算机技术在城市设计中的应用

是城市设计过程，左边一栏给出的是规划所要考虑的相关因素。城市环境描述基于四种类型的信息。1) 分区宏观社会经济信息；2) 功能信息。反映城市系统各组成成份之间的相互联系；3) 行为信息。反映局域范围内个人行为和对空间的使用情况；4) 有关街道和建筑物的物理信息。从某种程度上说，上述所有信息都可以用 GIS 来处理。其他处理技术还包括计算机绘图、形式模型和 CAD 等。[10] 当前，在城市设计中，GIS 主要可用于专题图的绘制、层叠性分析和结构调查等。但其最突出的优势是功能的多样性，可以解决城市设计中所遇到的许多问题。下一节将通过一个实例介绍 GIS 在城市设计中的应用。

空间构造

希利尔（Hillier）和汉森（Hanson）[11] 开发了一种专门工具，用于评价空间对人的行为和活动的影响，贝蒂等称之为"空间构造"。这种工具已经被移植到 GIS 环境之中。蒋等人（Jiang et al）认为，"空间构造"是专门针对城市设计、用于进行空间形态分析的理论和工具。[12]空间构造理论认为，城市环境由许多障碍空间构成，如建筑物及建筑物所围成的空间，人们可以在其间自由移动。"自由空间"的概念是空间构造的理论基础。蒋等人（Jiang et al）进一步解释道，空间构造重点考虑自由空间，把一个区域的整体空间分解成为单个的小空间，每一个小空间都有其独特的感觉优势。这就是空间构造法中的认知参照基础模型。[13]

相邻区域的空间构造以线性自由空间为基础，也就是说，自由空间被看成是一条轴线或"林荫路"。根据线与线之间的交接方式，把轴线看做节点，把线的交点看做连接点，可以绘制出空间直线的连接图。空间直线连接图包括三个主要特征因素。第一个是连接性，即直接相连的节点的数目。第二个是控制值，即节点的控制量。第三个是融合性，即在整个空间系统中节点分离或融合的程度。这三个特征量都可以用数学的方法表示出来（有兴趣的读者可进一步参照蒋等人的论著[14]）。城市空间的描述就用这三个特征量，按照融合性或分离性来描述。如果从一个空间（小空间）可以抵达其他各个空间，那么这个空间的融合性就好；如果从一个空间到另一个空间，中间间隔的空间数量多，就表明空间的融合性差。上述概念可以用环球融合性来衡量。类似地，连接性和局域融合性用以衡量局域空间的分离或融合程度。一般来说，局域空间与环球空间具有相关性。[15]城市构造概念在城市环境局域融合中的使用范例是行人流动的分析。人流的移动可以通过规划设计的形态结构进行分析。通过分析可以对规划结构进行调整，以获得某一特定地点，如商店所期望的人流。为了构造完美的城市空间连接体系，城市设计师往往需要付出很大的心血。从这一点上说，空间构造是一种很有用的城市设计工具。

关于大尺度上可接近性的计算，专业GIS系统如ARC—INFD和Arcview，都有专门的计算工具，但是缺乏城市尺度上的计算工具。可接近性是一个很常用的空间衡量指标。用它可以计算出两地之间的相对距离。地理学上的可接近性以重力公式为基础，并假设在一个系统内从一点到另一点的接近性是一致的。这样就影响了城市道路和通道的可接近性在计算上的应用。[16]为此，一种新型软件被开发出来，称为阿克斯（Axwoman），建立在一个数据包之上。[17]作为ArcView GIS的一种扩展，该软件将城市构造方法中的地理组分包括了进去。每一个空间单位都有其地理学上的相关性。该软件的主要功能有绘图、计算和分析。详细使用方法见蒋等人的说明。[18]1986年拉什克利夫保罗弗议会

图4.2 加姆斯顿道路网和可能的犯罪位置

详细使用方法见蒋等人的说明。[18]1986年拉什克利夫巴勒议会中心局域规划委员会制定了加姆斯顿（Gamston）开发规划。有人以其为个例，对阿克斯的分析能力进行了验证。在评价建筑布局与盗窃之间的关系时使用了该软件。

在制定规划方案的时候，巴勒议会（Borough Council）就意识到，在建筑格局安排方面需要给开发商以较大的自主权。有些开发内容如机动车类型安排和道路网的布设，对该地区是适合的。在开发简介中，关于道路网的建设已有详细的描述。[19]基本开发要素的安排应以"相邻群体"为基础，创建丰富多变的街道景观，构建交错有序的建筑布局，以其特有的建筑结构、环形或死胡同式的道路格局，与邻近区域形成明显的区别。道路网的建设按等级式进行，布设干路、支路和附路。除了已指定的主要连接点外（图4.2），新建道路网不可与西布里奇福特现有的道路网相连接。所有小区内道路的安排都尽可能地为居住者提供最高的私密环境，避免由笔直的线性道路形成走廊效应。

起草制定开发简介时，并没有注意到上述布局对居住区犯罪的影响。在居住区偷盗和汽车偷盗方面，加姆斯顿已成为拉什克利夫的热点地区。在等级式道路网末端的死胡同地段，人流稀少，犯罪活动容易发生。用空间构造中的连接参数来衡量，就会看出这些街道的连通性不好。图4.3是加姆斯顿的空间构型分析。[20]除连通性外，还包括了三个形态构成参数，即控制、全域融合和局域融合。控制参数反映某条街道对其邻近街道的控制情况。控制性好的街道是那些监视程度高和使用率高的路段，也就是那些在等级式街道格局中处于末端之上的那一级道路。融合性分为全域融合性和局域融合性。全域融合性用于衡量任一条街道与其他街道的连通程度。局域融合性用于衡量某一给定街道与三个连接点之内的街道的连通程度。[21]在加姆斯顿的个案中，一个地区的连通性、控制性、局域和全域融合性与犯罪地点之间呈现出明显的相关性。连通性、控制性、局域和全域融合性低的区域犯罪率高。虽然在城市格局与犯罪率之间难以界定其间的明确因果关系，但是从加姆斯顿的个案研究中可以看出，在住房开发中大量地、地毯式地布设死胡同这种格局却是值得考量的。在对城市构型及其使用方式进行分析时，上述空间构型参数法也很有用。

优势、劣势、机会与风险

斯沃特分析（SWOT，即优势、劣势、机会和风险）在数据的收集和整理方面很有用。斯沃特分析源于企业的经营管理。优势与劣势是指机构内部的工作条件，机会与风险指机构所面临的

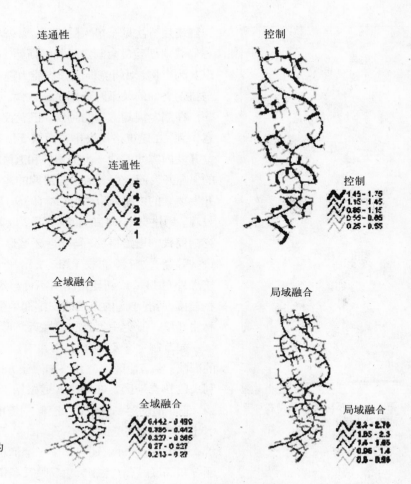

连通性

控制

连通性

||5
||4
||3
||2
||1

控制

||1.45 - 1.75
||1.15 - 1.45
||0.85 - 1.15
||0.55 - 0.85
||0.25 - 0.55

全域融合

局域融合

全域融合

||0.442 - 0.498
||0.385 - 0.442
||0.327 - 0.385
||0.27 - 0.327
||0.213 - 0.27

局域融合

||2.2 - 2.76
||1.65 - 2.3
||1.4 - 1.65
||0.95 - 1.4
||0.5 - 0.95

图 4.3   加姆斯顿开发规划中的
空间构造参数

外部环境。[22]像一座城市这样的实体结构用区分明确的内外条件来评价其发展潜力是较为困难的。对于房地产开发商来说，可以严格按照经营的管理要求对某一特定项目进行斯沃特分析。而对于房地产业本身采用斯沃特分析法就不适合了。市内城区所面临的许多风险和机会，对城市的物理结构来说都可以看作是内部条件。比如，市内城区人口的流失对于更新改造来说，可以看作是一种风险，但内城人口的流失又是不可避免的。很明显，四个要素之间有些部分相互重叠。例如，原来是劣势的条件，换一种积极的眼光去看待，可能会变成机会；原来是优势的条件，换一种角度来看，可能会成为劣势。但是，不管怎么说，对于给定的开发项目，以这四个要素为基础，对各相关因子进行组织和分析，确实有助于形成合理的开发规划方案。斯沃特分析完成后，可以以它为基础，来验证起初所作的各种假设，看看这些假设是否能够实现开发目的和开发目标。因而，斯沃特分析可以帮助制定更清楚准确的设计指导，并引导设计思路。

将斯沃特分析以方阵的形式给出,可以很好地对城区的各种特征要素和发展潜力进行分解剖析。这种分解剖析可以按图4.4的形式给出。在图4.4中,所研究地区的涉及生活各个方面的优势和劣势条件都清楚地展现出来,并逐项得到分析。所研究地区或一个城区的各种特性和发展潜力可以在广泛众多的因素下进行分析。图4.4中所考虑的因素有:建成环境的物理特性和美学特征,包括污染等因素在内的自然环境,以及社会经济条件。运用图4.4这个方阵图和其他类似的方阵图,可以对方阵图中所列出的各种因素进行优势劣势分析。对于设计师来说,这种方阵图比简单的文字材料的堆集要有用得多。也可以沿着方阵的水平线对某一特定因素进行横向的优势、劣势、机会和风险分析。使用方阵图只是对分析工作的一种辅助,最后的分析结果还是要用文字表述的。按照可持续性发展的要求,对所研究地区的开发潜力以及实现开发目标所应采取的措施等方面做出简要概述。

	优势	劣势	机会	风险
建成环境 物理和美学特征				
自然环境 动物、植物、大气和水				
社会经济环境 包括政治和管理因素				

图4.4 斯沃特分析

个案研究:诺丁汉市莱斯市场

不了解所研究地区的历史和当前发展现状,就无法进行斯沃特分析。诺丁汉市莱斯市场的更新改造规划就突出强调了该区的历史发展过程和它所特有的开发特征。莱斯市场的位置就是先前的一座英国古城。莱斯市场,正如它的名字所揭示的,是19世纪庞大而繁荣的饰品销售中心。莱斯市场地区街道尺度适度,两旁建有许多大型仓库和厂房。这些仓库和厂房,很可能是欧洲所保存下来的最完好的19世纪的商业建筑(图4.5~4.8)。到20世纪,饰品行业衰落了。许多精美的建筑物没有得到适当的保护和维修,有些被拆毁,有些成了某些小型服装和纺织品公司的工作车间。低廉的租金使维护更加困难。第二次世界大战期间,有些建筑被摧毁。20世纪50年代和60年代,又有一些建筑被拆毁了。值得庆幸的是,20世纪60年代所提出的综合改造计划和道路网的建设并没有完全得到实施。1969年划为保护区后,该地得到了保护。1974年,市议会提出了一项整修改造计划,对30余处被遗弃的地段和许多正在腐朽衰落的建筑进行整

图4.5 诺丁汉市莱斯市场石头街 　　　　　　图4.6 诺丁汉市莱斯市场石头街

修改造。诺丁汉市议会与英国环境和自然遗产部联合推行的整
修改造计划取得了很大成功。150余座建筑得到了维修保养，被
遗弃地段也进行了景观重建，有些地段被重新开发为民用住房，
高街上的惟一神教派教堂（Unitarian Chapel）改造成了莱斯
大厦，成为该地吸引游客的中心景点，从根本上提高了该地区
的经济水平。

　　先前的莱斯大厦已迁入高街上的一座台阶式建筑中，现改
称为莱斯中心。惟一神教派教堂又一次作了改动，被改成了时
尚酒吧和餐厅。幸运的是，精美绝伦的拉斐尔彩绘玻璃窗仍可
供公众观赏。

　　1988年，市议会、环境局和诺丁汉开发署委托康兰·罗克
（Conran Roche），对莱斯市场地区进行了进一步的研究，一种
全新的规划方案被市议会采用。莱斯市场地区发源于撒克森时
代，具有独特的历史渊源。其精美绝伦的城市建筑更是一笔巨大
的财富。对该地区的研究就要建立在这些基本考量之上。为此，

图 4.7 诺丁汉市莱斯市场布罗德路　　　　图 4.8 诺丁汉市莱斯市场布罗德路

　　一个最主要的开发规划就是把该地区开发成"服装和纺织业中心，特别是为那些需要中心城区位置的小型和中型公司提供场所"。[23]纺织业作为该区的象征，与其他大型制造业相比呈现出衰弱的趋势。1989年，在莱斯市场地区开设有250家公司，有5500人在那里工作。除服装和纺织品行业的公司外，还有一些其他轻工制造业，并建有办公室和仓房。在卡尔顿(Carlton)大街、古斯门大街(Goose gate)和霍克利大街(Hockley)上有沿街零售业。所有这些行业加在一起，其用地面积之和占该地区总面积的18%。在该区居住的居民有500人。数量不多，但非常重要。有些人是该市设计评审组成员。娱乐业也已开始起步。有一座小型但生动活泼的剧院、一座电影院和几家餐馆。基于上述情况，罗奇提出了对该地区进行更新改造的六大原则。[24]

　　第一个原则。保证现有小型纺织品公司在该地区存活下来。为此，罗奇建议对现有建筑进行翻修改造，将普拉姆特莱(Plumptre)大街沿街地段建成集中生产中心。划出200ft²土地供公司租用。同时，建一所双学制学校。第二个原则。修复亚当大厦，为莱斯市场创造新视觉焦点。亚当大厦是该地区最宏大的设计。按罗奇的规划，亚当大厦经过翻新改造后，一楼供商业零售用，其他楼层改建成一个具有 120 个房间的宾馆和 30000ft^2 的住宅用房。将临近亚当大厦的失修的停车场改建成一个小型广场。广场两侧新建一座 4 层的莱斯市场大楼，作为莱斯市场地区的出入口。第三个原则。沿着穿越周日十字大街的零售路线，将布罗德马什购物中心与莱斯市场直接连接。其他原则的主要内容是，维持土地混合利用现状，满足地点停车需要，在环线附近建多层停车场，最终将莱斯市场地区建成城市历史公园。

莱斯市场开发公司创建于 1989 年，目的是促进莱斯市场地区的更新改造。莱斯市场开发公司、诺丁汉市议会和诺丁安旅游开发局三家联会委托梯巴兹（Tibbalds）、卡斯基（Karski）、科尔伯恩（Colbourne）和威廉姆斯（Williams），对这一地区做进一步的调查规划，提交了新的规划报告。在梯巴兹及其同事提交的报告中，建议将莱斯市场地区列为国家自然遗产区。[25] 图 4.9 是报告中所提交的规划方案。该方案部分采用了斯沃特分析法。在斯沃特分析中，共计优势因素 21 项、劣势因素 32 项、机会因素 31 项、风险因素 7 项。图 4.10 所列出的是报告中给出的机会和风险因子。产生于大脑风暴的这张表，在城市设计起始研究中非常有用。按图 4.10 中的结构或者按重要性程度，将四大要素及其子要素列举出来，对于斯沃特分析很重要。

开始于 20 世纪 80 年代的经济衰退，使以地产业为基础的更新改造陷入困境之中。一些服装业、纺织业和其他制造业用房被转换成了办公用房，局面难以控制。[26] 1993 年，莱斯市场遗产信托公司成立作为私有部门与公共部门的连接纽带，反映了莱斯市场地区的开发需求，但不仅仅限于地产改造。[27] 自那以来，莱斯市场地区有了明显的改进。按旅游业需求，将莱斯中心与舍尔大楼相连接，直到前康迪高尔大楼和博物馆大楼（图 4.11~4.12）。此外，在诺丁汉市发展史上占有重要地位的布罗德马什岩洞面向公众开放。随着纺织业和服装制造业的衰弱，时装中心的功能得到了扩展。原来集中于克拉伦登学院（Clarendon College）的就业培训项目，有一部分迁到了新诺丁汉学院。[28] 几座大楼正在进行翻修，其中包括亚当大厦。亚当大厦现由新诺丁汉学院使用，这对莱斯市场地区来说是一件很重要的事件。诺丁汉快速运输系统（NET）1 号线的建设，将对莱斯市场地区的开发产生进

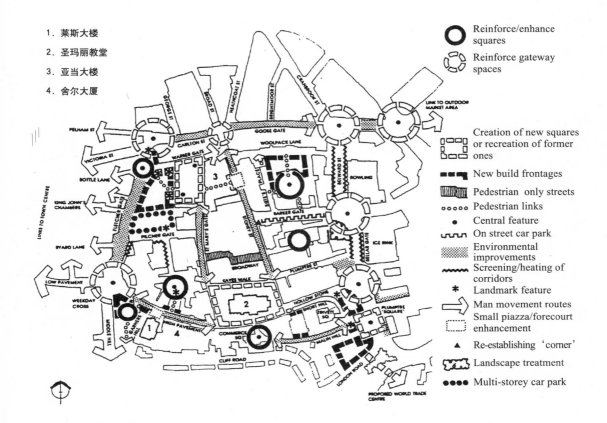

图中图例及标注：

1. 莱斯大楼
2. 圣玛丽教堂
3. 亚当大楼
4. 舍尔大厦

Reinforce/enhance squares

Reinforce gateway spaces

Creation of new squares or recreation of former ones

New build frontages

Pedestrian only streets

Pedestrian links

Central feature

On street car park

Environmental improvements

Screening/heating of corridors

Landmark feature

Man movement routes

Small piazza/forecourt enhancement

Re-establishing 'corner'

Landscape treatment

Multi-storey car park

图4.9 梯巴兹及其同事所提交的莱斯市场规划方案

一步的影响。到2003年底，这一快速轻轨系统将把莱斯市场与火车站以及公共汽车终点站连接起来。[29]

今天对莱斯市场地区进行斯沃特分析时，要考虑该区的现实功能、社会状况、经济和物质环境、最新开发进展，以及新型的行政管理结构的影响。莱斯市场地区的地位比20年前更加重要了。莱斯市场遗产信托公司的设立可以更好地安排和使用公共和私有资金。该区已经获得了重要私有投资者的投资。其他优势还有，越来越多的建筑正在得到翻修，地产价值大为提高；旅游业和媒体业已经开始发展。莱斯市场靠近市中心，具有很大的地产开发潜力。拟议中的交通网线建成后，通过超级有轨电车可以与许多城区相连接，从而进一步强化其城市中心的地位。尽管有这么多优势条件，但仍有许多不利因素存在。这些不利因素主要表现在城市外观上，有些地方长期被忽视，凌乱不堪；有些建筑长年失修，破败凌落。新诺丁汉学院在该区的设立带来了众多的学子，数座新的学生公寓建造了起来，使莱斯市场地区人口的数量明显增加。即使如此，一天中的大部分时间里，莱斯市场仍然给

机会

1. 舍尔大厦的潜力

2. 第一个商店的创立

3. 空闲或使用不当的仓库和场地

4. 人行道与市中心的良好连接

5. LRT

6. 改善了的交通管理

7. 与该地区相关的各种活动集中在一起（如饰品）

8. 创建土地混合使用人居环境

9. 环境的改善

10. 事件（如瓦色门广场）

11. 与布罗德马什岩洞和其他岩洞的连接潜力

12. 作为英国自然遗产的可能性

13. 工业旅游开发

14. 国家饰品中心或国际饰品中心建立的可能性

15. 教育

16. 深度遗产解析

17. 提供丰富多变的综合性旅游产品的潜力

18. 作为城市中心的莱斯市场的包装

19. 来自卡斯尔的步行旅游特点

20. 零售（专业性的／非连锁性的）

21. 工厂商店

22. 古斯门大街专题解释

23. 停车场改善的机会

24. 宾馆开发机会

25. 周日十字街入口处理

26. 亚当大厦——视觉焦点

27. 手工艺品节市场

28. 欧盟的帮助

29. 文化事件

30. 媒体业的发展

31. 时装中心

风险

1. 土地价值投机性的增加

2. 翻修改造的非经济成本

3. 地方开支的限制

4. 非连锁独立商店因租金提高而关闭

5. 所有制形式——单一所有制／分散所有和私人所有

6. 当前经济状况——对市中心南北地带以及城外零售业投资的限制

7. 建筑业传统工艺的流失（需要宏观资助当局的监督）

图 4.10　斯沃特分析（部分）

人一种荒废萧条的感觉。好像莱斯市场已经成了一座被荒废了的衰败的城镇。这种荒废的感觉带来了不好的名声，光顾的行人越来越少，特别是在晚上。在从周日十字街穿过弗莱彻门大街(Fletcher gate)，到中心城区的卡尔顿(Carlton)大街一线上，莱斯市场几乎没有连接通道。沿弗莱彻门大街正在建设的大楼，可以改善这一地区与市中心的连接。用于工业生产的通道也很薄弱，并且与人行道的需求相冲突。除新诺丁汉学院外，莱斯市场心脏地带的土地几乎没有被利用，从而不能吸引大量的人流，使其成为更安全的地带。新诺丁汉学院迁来以后，酒吧、咖啡馆的数量有了增加，但是仍有少量地段可供那些有生气的、面向街面的活动所使用。最近虽然进行了一系列的开发改造，但是仍然几乎没有能够吸引游人的景点和公共广场。若要有效地增加行人的数量，城市结构中的这些不足之处就不得不加以改善。但是，如果换一个角度观察，一个地区的劣势可能会变为机会。单单盯住所面临的问题，往往会产生负面影响，不利于探索有创新性的解决方案。

图 4.11　莱斯市场地区
街上的莱斯大厦

图 4.12　莱斯市场地区
高街上的舍尔大厦（Shire Hall）

近20年来，经济的发展为莱斯市场的开发提供了良好机会。旅游开发对莱斯市场来说也有巨大的潜力。这里有许多在考古学、历史学和城镇景观方面具有重要价值的国家级文化古迹。这些景点经过适当的开发改造，一定能吸引大量的游客来观光旅游。将该地区改造成一个城市历史主题公园也是可行的（图4.11～4.14）。除了其悠久的历史文化和饰品业以外，还有两座剧院可以在此基础上建设媒体中心。有一条街道已经成为了一条时尚街。这里独具民族特色的商店、时髦的珠宝饰品和漂亮的餐馆吸引了大量顾客。对这种地方，不必特意将其改造成一年四季都引人入胜的旅游中心，但它确实具有一定的游客密度和游客数量。随着教职工数量和学生数量的增长，以亚当大厦为中心的新诺丁汉学院为该地区带来了新的增长点。学院人口的增加既为该地区的发展带来了压力，也为重新恢复该地区的生机和活力带来了机会。莱斯市场所面临的风险不能成为抑制其发展的借口。风险也可以看作是制定经营和开发战略的机会，以摆脱经济上的压力，避免出现不能实现规划目标的情

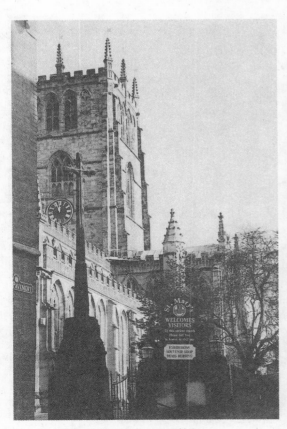

图4.13　莱斯市场高街上的圣玛丽教堂

图4.14　莱斯市场高街上的圣玛丽教堂(细部)

况。对莱斯市场来说，风险之一就是，开发的成功会带来地产价格和租金的上升，损害脆弱的纺织业赖以发展的基础。环境的改善和许多精美建筑的翻修，会给办公用地、餐馆用地、娱乐用地，甚至居住用地带来压力。新来者往往得付较高的租金。对习惯于低租金的纺织品公司来说也是一种额外的压力。这些纺织品公司有可能因找不到合适的地点而被取代。与纺织品相关的工作的丧失，会使该地区失去其特有的特性。随着贵族化的进展，位于莱斯市场心脏地带的纺织业有可能被挤走。在莱斯市场的南北两端都有较大规模的开发建设规划，如果它没有优势与这些开发建设进行竞争，那么莱斯市场的开发建设就会处于停滞状态。这是他所面临的又一风险。从老百货大楼沿着运河，到市中心的东南角一带，正在打造样板式开发建筑工程。这些地段没有现有建筑的妨碍，根据现代设计要求，对地面进行了大规模的清理和准备，使之适合 21 世纪发展的需要。但是，却对莱斯市场地区 19 世纪的建筑物形成了限制和包围(图4.15～4.20)。在市场中心的北端，20 世纪 60 年代建造的维多利亚购物中心正在扩展，成为莱斯市场地区零售业的强有力的竞争者。种种迹象表明，莱斯市场将在它所面临的挑战中存活下来。许多已有建筑物正在被改造成居住用房，居住与其他用途相混合的样板式建筑物正在建设，布罗德马什完整改造规划正在制订，有可能与莱斯市场建立直接连通。最后，市议会已经提出提案，在莱斯市场地区建一个公共广场。

图 4.15　诺丁汉市运河沿岸开发：税收大楼，M·霍普金斯(Michael Hopkins)等设计

图 4.16　诺丁汉市运河沿岸开发：税收大楼，M·霍普金斯等设计

图4.17 诺丁汉市运河沿
岸开发：税收大楼，M·霍
普金斯等设计

图4.18 诺丁汉市运河沿
岸开发：法院

图4.19 诺丁汉市运河沿岸
开发：经过翻修的百货大楼

图4.20 诺丁汉市运河沿岸开
发：办公大楼和宾馆

诺丁汉大学新校园

　　单靠详细的调查和富于想像力的研究分析，创造不出好的城市设计。不掌握多种设计理念并将它们加以融合提炼，设计成果只能是单调平庸的。诺丁汉大学正在新校区建设一处分校。新校区有些地方已被占用，有些楼房正在建造之中。经过一番竞争，诺丁汉大学最终选定M·霍普金斯及其合作伙伴来对校园进行设计。诺丁汉大学这个特殊个案提醒人们，伟大的城市建筑来自于激情和想像，而不是单单来自于理论设计方法。理论设计方法的作用是为创造性想像提供支持和动力。从这个个案中还可以看出，在大的框架下是如何对一些细节性的小问题进行分析论证的。

　　建设新校区的目的，是为诺丁汉大学提供后备支持，以满足教学、研究和居住等方面的迫切需求。要求新校区特征鲜明、引人注目、环境友好（图4.21～4.22）。投资4000多万英镑建设这

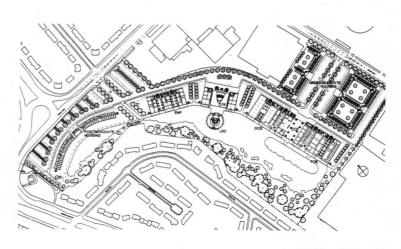

图4.21 诺丁汉大学新校区规划
（M·霍普金斯及其合伙人）

图4.22 诺丁汉大学新校区规划：轴测图（M·霍普金斯及其合伙人）

个新校区是有来由的。新诺丁汉大学是许多学子所追求的目标。诺丁汉大学的科学研究水平和教学质量，在英国名列前茅，在国际上也有一定的声誉。随着科学研究、教学和技术转化工作的进一步发展，现有校舍规模已不能满足需求，要寻求另外的发展空间。也许新校园建设最令人感兴趣的理由是对老校区的保护愿望。老校区号称园林式校园，景观优美，空间结构合理。该项目的开发建设是基于这样的认识，即一定的环境只支撑和容纳一定的开发建设，否则环境质量就会下降。这类可持续发展的中心问题，就是要解决主校区不断增长的学生数量和有限的环境承载能力之间的矛盾。

新校区的开发建设完全实现了总体规划所制定的目标，大学公园(主校区)的一些标志性特征在新校区得到了体现(图4.28~4.31)。新校区建设改造的中心指导思想，是将该地区建成一个"绿肺"，成为诺丁汉众多知名公园中的一个，这也正是诺丁汉市所引以自豪的亮点。与已有校园相比，沃莱顿(Wollaton)地段有点偏小。它位于工业区景观与郊区景观之间。开发设想是，沿着该地段的主线进行线性开发。通过人车分道来提高效率。机动车，包括公共汽车，使用贯通全区的骨干线路，行人使用其他道路。出入口有两个。出入口道路两旁植树，按诺丁汉市式的林荫道进行造型处理。19世纪末20世纪初，诺丁汉市创造了这种独特的道路体系。新校区的设计特别强调创造高质量的环境。校园西边的现有林地被保留并加以修整提高，作为植物和野生生物保护区。开发提案中还有一个人工湖。[30]湖的一边现有一片林地，在教学区和居住区之间可以起到缓冲作用。主要人行道都位于人工湖的东侧，与各建筑物相连通。湖的宽度和深度富于变化，以适宜多种生物的生存。对建筑环境也作了规划，目的是建造可持续性建筑和节能建筑。建筑外表面具有气候调节功能，安装有高效通风系统，用大量的植被覆盖。各个院系沿着主干道排列，所在建筑各具风格。建筑布局沿用主校区的景观传统。建筑物之间所围成的小广场形成公共空间，起到视觉和物理连接作用。人们可以在这些地方聚会社交。

规划方案用系列拇指甲图来表示，某些关键问题及其解决方案都可在图上找到（图4.23～4.31）。在问题探索阶段，用这种分析和表达方法来解决某些关键问题非常有效而实用。对拇指甲图，还可以再加上一点文字解释。

建筑物之间的空间

4.23

有拱廊的人行道

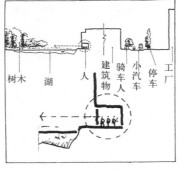

4.24

玻璃覆盖的人行道

4.25

快速流动的水

4.26

宽阔平静的水域

4.27

图4.23～4.27　诺丁汉大学新校园细部。M·霍普金斯等绘

图 4.28 诺丁汉大学新校区：研究生宿舍

图 4.29 诺丁汉大学新校区：教学区

图 4.30 诺丁汉大学新校区：资源中心

图 4.31 诺丁汉大学新校区：行政中心

结 论

诺丁汉大学新校区设计进行了国际招标，最后M·霍普金斯及其合作人获胜。因其大环境方面的突出优点，该设计已获得多项奖励。事实也证明，诺丁汉新校区规划设计，在建筑质量和景观安排上起到了标准和示范作用，对诺丁汉市正在衰败地区的改造也能起到激励和促进作用。总之，诺丁汉大学新校区设计提供了一个很好的城市设计范例。无论是设计方法还是设计思想，都是21世纪城市开发改造的典范。将诺丁汉大学新校区设计写在本书中，目的是为了强调说明设计思想与设计方法同等重要。有时不必沿用已经成熟的设计方法也能创造出好的设计。设计思想可能来源于灵感闪现。灵感闪现一旦出现，就要抓住它、发展它、用极大的热情去接受它。但是，设计师不能坐等灵感的出现。按照一定的方法去设计、去思考，灵感可能就会在设计和思考当中迸发出来。本章主要介绍了预报、限制和机会图以及SWOT分析法的作用，下一章将介绍设计思想和设计方案的产生与选择。

参考资料：

1 More complex matrix techniques of forecasting for use in modelling can be found in McLoughlin, J.B. (1969) *Urban and Regional Planning: A Systems Approach*, London: Faber and Faber, and in Field, B. and MacGregor, B. (1987) *Forecasting Techniques for Urban and Regional Planning*, London: Hutchinson.

2 Ratcliffe, J. (1974) *An Introduction to Town and Country Planning*, London: Hutchinson.

3 Day, A. (1994) New tools for urban design, *Urban Design Quarterly*, No. 51, pp. 20-23.

4 Batty, M., Dodge, M. *et al.* (1998) *GIS and Urban Design*, Centre for Advanced Spatial Analysis (CASA), London, UCL.

5 Batty, M. *et al.* (1998) *op cit.*

6 Available to the academic community via EDINA Digmap, a national datacentre financed by the Joint Information Systems Committee based at Edinburgh University Data Library.

7 Available for academic purposes at Manchester Information & Associated Services (MIMAS).

8 Available via CHEST the Combined Higher Education Software Team.

9 Batty, M. *et al.* (1998) *op cit.*

10 Batty, M. *et al.* (1998) *op cit.*

11 Hillier, B. and Hanson, J. (1984) *The Social Logic of Space*, Cambridge: Cambridge University Press.

12 Jiang, B. *et al.* (2000) Integration of space syntax into Gis for modelling urban spaces, *International Journal of Applied Earth Observation and Geoinformation*, 2 (2/3).

13 *Ibid*, p. 162.

14 *Ibid*, p. 163.

15 *Ibid*.

16 Jiang, B., Claramount, C. and Batty, M. (1998) Geometric accessibility and geographic information: extending desktop GIS to space syntax, *Computing Environment and Urban Systems*, 23(2).

17 Axwoman is available at http://www.hig.se/~bjg/Axwoman.htm

18 Jiang, B. *et al.* (2000) *op cit.*

19 Rushcliffe Borough Council (1986) *Gamston Development Plan*, Nottingham, December.

20 Source: Rushcliffe Crime and Disorder Reduction Partnership.

21 Jiang, B. *et al.* (2000) *op cit.*

22 Bevan, O.A. (1991) *Marketing and Property People*, London: Macmillan.

23 Nottingham City Planning Department (1989) *Nottingham Lace Market, Development Strategy*, Nottingham: Nottingham City Council.

24 Roche, Conran (1989) *Nottingham Lace Market: The Vision, Report One*, and *Detailed Proposals and Impacts, Report Two*, Nottingham: Conran Roche.

25 Tibbalds, F., Karski, Colbourne, Williams in association with Touchstone (1991) *National Heritage Area Study: Nottingham Lace Market*, Nottingham: Nottingham City Council.

26 *Nottingham Evening Post*, 8 August 1991.

27 *Nottingham Evening Post*, 3 July 1996.

28 *Nottingham Evening Post*, 30 December 1996.

29 The University of Nottingham (12 November 1996) *New Campus Fact Sheet*, Nottingham: The University of Nottingham.

30 Fawcett, P. (12 November 1996) *The New Campus: An Architectural Appreciation*, Nottingham: The University of Nottingham.

第五章　设计方案的产生

城市设计的中心内容，是通过一系列的分析和验证，发现城市所面临的问题。城市设计中的许多问题都具有诡秘性，难以给出确切的定义，也没有明确的、带有普遍性的解决方案，问题与其解决方案之间是一种辩证的关系。很明显，设计师所要做的工作，就是根据问题与方案之间的辩证关系，界定问题，寻找合适的调查解决途径，经过多次问题—方案的重复，问题的本质特性才会显现出来。与城市设计相关的方案和思想，在本书中称为理念。设计思想的产生是城市设计的基础。没有设计理念的指导，设计工作往往就是无效劳动。设计理念的产生是颇具挑战性的想像活动，可以通过一系列的技术方法来实现。设计思想可以来源于对场地的分析、先前历史发展的研究、理论推理、共同研讨、类比方法以及包括大脑风暴的边际思维技术，或者直接从公众思想启示当中得来。本章重点讨论类比方法在设计理念创造中的应用，特别是从大自然当中获取设计理念的方法。用萨里、德比和挪威的一些个案介绍这种方法在实际设计工作中的应用。本章还将介绍在设计思想形成过程中与公众打交道的方法和技术。以诺丁汉郡纽瓦克市的城市设计作为个案，介绍公众参与的方法和过程。

据林奇报道，城市构型主要有三种比喻解释。[1]第一种是魔法比喻，把城市看作是与宇宙和周围环境相连接的典礼中心。第二种把城市比作一部机器，它与概念化城市有很大的不同。概念化城市思想把城市看作是宇宙中的一个小宇宙，经过了宇宙的完美塑造，被锚定在通往太阳的魔幻之路上。机器城市的思想不单单是20世纪的产物，它还有更深的渊源。上个世纪，未来主义运动蓬勃兴起，勒·柯布西耶（Le Corbusier）发表了一系列有关机器城市的文章和著作，特别是他的辐射城市计划，使机器城市的思想占据了主导地位。[2]在机器城市思想的发展上，其他具有里程碑式的人物和事件，包括1984年阿图罗·索丽亚·Y·玛塔(Arturo Soria y Mata)提出的马德里线性郊区和托尼·加尼尔(Tony Garnier)设计的工业城市(图5.1~5.2)。[3]相反,格迪斯和玛姆福特(Mumford)的追随者则把城市看作是一个有机体。这个城市有机体有它的诞生、成长和死亡。有时健康,有时也会得病。[4]城市的概念就部分地来源于这种遗传学的思想,但是只有在一个较大的范围内来看待城市时,才能较好地理解这种遗传学的思想。

当把城市看作一台机器时,整个城市就由许多小部分组成,各部分之间就像车轮上的齿轮那样相互连接,每一部分都有明确的功能和相对独立的运动,城市结构就像水晶一样清晰明确。国家和社会的控制影响隐含在结构之中。在索特索格拉德(Sotsograd)的城市设计中,米柳丁(Muliutin)采用了机器城市的理念。[5]在他的设计中,以发电站作为参照点,各电站之间的连线作为城市装配线,将城市用地分隔成许多部分,并用精心设计的交通网络将它们连接起来(图5.3)。

机器城市的思想是随着人类文明的发展而发展的,向前可以追溯到19世纪和工业革命时代。既受当时工业发展的影响,如查普林(Chaplin)的复合装配线的影响,也受到那些从古代就有的简单工具,如杠杆、滑轮和伟大的发明——轮子的影响。在法

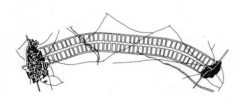

图5.1 索丽亚·Y·玛塔的线性城市

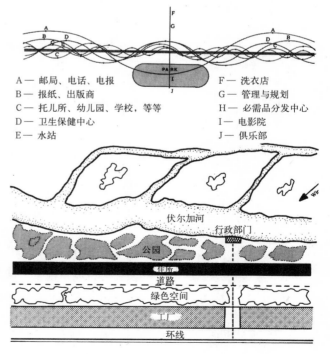

A — 邮局、电话、电报　　　　　F — 洗衣店
B — 报纸、出版商　　　　　　　G — 管理与规划
C — 托儿所、幼儿园、学校,等等　H — 必需品分发中心
D — 卫生保健中心　　　　　　　I — 电影院
E — 水站　　　　　　　　　　　J — 俱乐部

伏尔加河
行政部门
公园
住所
道路
绿色空间
工厂
环线

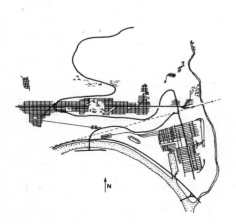

图5.2 加尼尔的工业城市

图5.3 米柳丁的线性城市

老统治的埃及，按机器城市的思想建设的工人村庄呈现出一种非人道的形式（图5.4）。村庄的规划以规整的方格为基础，各个部分都是这种规整方格的简单重复。

图 5.4　埃及阿玛纳工人村庄

　　第三种也是与可持续发展关系最密切的一种，是城市有机体的理念。这种理念把城市看作是由活细胞组成的有机体，细胞有生长、有衰退、有死亡。城市有机体理念与近200年来生物科学的发展相联系，可以说它从某种程度上反映了工业革命和城市的增长对人类所造成的不利影响。作为一种城市设计理念，霍华德、格迪斯、芒福德、奥姆斯特德等人都曾进行过研究。在英国，昂温（Unwin）和佩里（Perry）用建筑结构形式来研究城市有机体理念。本世纪初，北美学者弗兰克·劳埃德·怀特创建了一套与当地景观相融合的有机结构模型。[6]亚历山大在他的著作中也对环境设计的有机特性进行了强调："当环境之中单个要素的需求与整体环境需求达到平衡时，环境的自然秩序或有机秩序就出现了"。[7]

　　有机规划的主要原则，是把城市构造成一个个的社区，每个社区都是一个自包容单位，能够很方便地满足居民基本生活所需。一个可持续性发展的城市，其所需要的大部分能源都应该能够自相包容，废弃物能够循环利用，将污染输出减少到最低程度。有机城市模型强调各要素间的相互合作，而不是相互竞争，社区成员之间相互依赖、相互支持。在一个健康、运转良好的社区中，各成员之间的关系处于一种良好的平衡状态。有机城市按等级制进行划分，大单位下面划分小单位，小单位下再划分更小的单位，依次类推。

有机城市具有一定的大小和规模，像有机体一样，城市有诞生，也有成熟。如果健康的话，它可以有相当长一段时间的持续性。但如果处于衰退阶段，它也能因染病而死亡。可持续发展的目标，就是尽可能地延长健康城市的存活期。所谓健康城市，就是既能保障居民高质量生活所需，又不对周围环境造成破坏。城市的健康只能通过其构成要素本身和构成要素之间的相互平衡来维持。城市的增长由出生和新区的建造来维持和实现。城市的增长量以及如何增长，仍然是一个全球范围的有争议的问题。有些学者认为，人口的增长是各种危险问题出现的主要原因。他们提倡人口维持现状，或人口下降，或经济发展放缓。

有机城市模型与可持续发展的概念最相吻合，特别是当与生态系统理论联系起来的时候更是如此。城市发展的良性阶段类似于生态系统的顶级阶段，城市的组成成分有足够的多样性，能源输入与输出达到平衡。在最优或平衡阶段，通过循环利用降低污染，使废弃物排放量减少到最低程度。简单地说，就是城市本身能够很好地处理废弃物的问题。根据有机城市模型理论，定居区的腐朽也是显而易见的。一旦城市各组成要素之间的脆弱平衡被打破，增长过度，自愈能力消失，就会发生腐朽。类似人类的癌症或失控生长。可持续发展理论和有机城市理论都把定居区看作是一个整体，各组成要素或组成部分之间不是严格地分离，而是相互依赖、相互支持。有机城市理论揭示了自然界的光明性、多样性和脆弱性，城市的确只是自然的一个组成部分。

拉弗劳克(Lovelock)及其盖安(Gaian)理论揭示了人类定居模式与其周围自然环境之间的关系。[8] 盖安理论把地球看成是一个能够主动进行自我调节的超级有机体。有人认为，如果把地球看作是一个超级有机体，那么它就是一个宏观生态学的概念。对此，拉弗劳克表示反对。他坚持认为，一个能自我调节的超级有机体，如盖娅(Gaia)，不需要大量具有远见和规划技能的成员。为了反驳将他的盖娅假说说成是宏观生态学的观点，拉弗劳克发明了"雏菊世界"理论。"雏菊世界"是一个简单的地球模型，仅由不同颜色的雏菊组成。他用数学的方法向人们展示了活植物体通过调节不同颜色品种的比例改善其生活环境，以及维持能够满足植物生活需要的生命支持环境的过程。按照热力学第二定律，一个系统中的所有反应过程最终都要趋向平衡或者死亡。但是，在"雏菊世界"世界里，雏菊所在的星球情况不同。它更像一个钟表的发条，上紧后慢慢放松，直到钟表停止走动。自然界中任何过程总是趋向于无序性的增加，可以用熵来衡量，熵值总是会增大。正常情况下，星球上是不活泼的、无生命的，如金星和火星。对于地球生命的困惑，拉弗劳克是这样解释的："生命的发生纯粹是偶然的，这就好比发行彩票，与漫长的一年相比，在一天中能中奖的机会微乎其微。即使有这样高的不确定性，生命形式，表面上看起来不合规则，还是在地球上存活了下来，并在整个宇宙进程中占有一席之地。生命绝不违反热力学第二定律，它只不过是与地球紧密相连，一起进化，以使自己能够存活下来"。[9]

像盖娅理论一样，莫利森(Mollinson)提出了终身教育理论。在终身教育理论中也有关于自然和生命起始点的论述，与盖娅理论一样，它也是可持续性城市设计的有用工具。[10]随着新世纪的到来，城市设计师对这两种理论都必须进行认真地研读。他们包含了伦理学的核心内容和可持续发展的基本理论。终身教育理论把农业生产看作是对生态系统的有意识的设计和维持过程。像自然生态系统一样，农业生态系统也具有多样性、稳定性和恢复能力。在农业生态系统中，景观与人和谐融洽，以可持续发展的方式为人类提供食物、能源、住所和其他物质以及非物质性需求。[11]与拉菲劳克的理论相类似，终身教育理论把地球看作是一个可以自我调节、自我构建和主动响应的系统，为生命的存活创造和维持了最基本的生活条件，对外界干扰也能主动地进行调节适应。莫利森试图创建一种理论，已提醒目前尚处于麻木和无意识状态的人们不要对地球进行过多的干扰，以免使它处于不能耐受的地步。

终身教育理论具有很强的伦理学基础，其基本理论可以概括为三个指导性原则：

1.为地球上所有生命系统的延续和繁殖提供基本条件。

2.提供人类生存所必需的各种资源。

3.将人口数量和人们的消费限制在一定水平上，并留出一部分资源，以供未来所需。

终身教育理论，就是要用成熟的伦理道德行为保证这个承载生命的星球——地球能够存活下去。在这里，道德伦理的核心就是能源和资源的保护、废弃物的循环利用和污染的降低。终身教育理论的主要特征，就是在设计一个系统时，系统的能源要求由系统本身来提供。当前，对以农作物为主的农业生产系统来说，能源的需求完全由外部供给。相反，热带雨林却能创造它自身所需要的能源。因此，热带雨林是终身教育系统最光辉的典范。他的自给自足性和自维持性也是可持续性城市的良好范例（图5.5~5.6）。

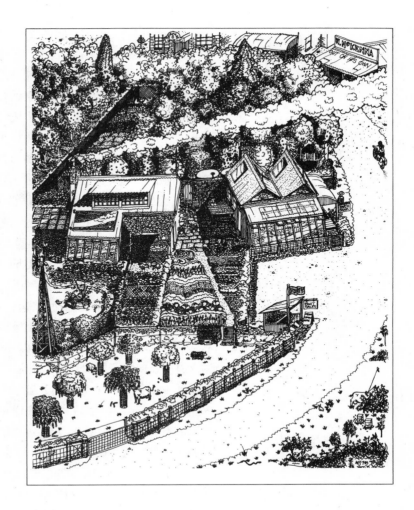

图 5.5 生态园设计

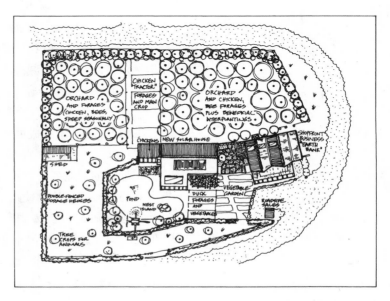

图 5.6 生态园设计

能量可以由一种形式转化为另一种形式，但它既不会消失，也不会创造，更不会毁灭。宇宙中的总能量是恒定的，但总熵却在不断增强。熵就是消失的能量，不能再用于做功，也就是成为不可用的能量。将汽油装进小汽车后，它就有了势能。当势能被转化成动能的时候，能量就以热量、噪声或废气的形式散失了。摆在城市设计师面前的问题就是，当能量穿过一座城市或一个设计地段时，如何最有效地利用它。这样，城市设计的目的，就是在能量散失、熵不断增加的过程中，最大化地进行能量的捕捉、贮存和再利用。

在城市设计和定居区规划中，终身教育理论有许多方面的应用。终身教育理论的主要内容就是创建这样一个区域：具有稳定的人口，城市、家园和园林为这些人口提供食物和住所。也可以简单地说，就是"使我们的家园处于有序之中"，以便承载我们，满足我们的日常生活所需。按照莫利森（1992年）的观点，这种创建过程就是把当前资源缺乏、运转无力的国家分解创建成百万个村庄。并且他认为这是生物圈保护的惟一安全之路。[12] 为避免被拖入无休止的地缘政治纷争，以一个城市区域为对象对其进行规划安排，使它既能够养活这个城市的人口，又能较好地处理无机废弃物，则是比较可行的。当今的城市几乎没有能量的返回，废弃物被作为污染物质排放到海洋和陆地，形成单一的食物供应路线。为了改变这种状况，就必须将城市规划设计成为一个能自我调控、自我管理的花园。在这样的花园城市当中，任何开发项目都有一个重要的目标，就是使食品生产能力生产最大化，并且无机废弃物的处理能与当地的循环处理系统建立良好的连接。

城市的能源利用在《城市设计：绿色尺度》[13] 一书中称为绿色能源。概括地说，就是在实际设计中要创建这样一个系统：持续时间最长，可以进行维修和更新而不必推倒重建。尽可能地使用太阳能为建筑提供热能，减少人员的流动，以步行、骑自行车或公共运输工具作为主要交通手段。在城市的规划设计、系统建造和环境管理等方面，强调公众参与的重要性。这种具有可持续发展特性的城区，其基本构成单元是社区（按莫利森的说法是村庄）、具有自己的绿色空间的街区、自带花园的家庭庭院和连接城市中心与乡村的绿地等。

既可在终身教育理论中使用，同时也适用于城市设计的一项技术，就是系统分析技术。热动力学中的"封闭系统"与有机体的"开放系统"有明显的不同。莫利森的两段话更清楚地说明了这一点。[14]

所有生物有机体……都是开放系统，也就是说，生物有机体通过与周围环境不断地进行物质和能量交换来维持自身的结构和功能。钟表的发条因摩擦而释放能量，运行逐渐变慢。生物有机体是一个连续不断的构建过程，简单物质被转化成复杂物质，简单能量被转化成复合能量，接收器官所接收的信息、感觉、思想等被转化成更复杂的形式。

在封闭系统中，各种反应受到严格限制，反应之间可以相互转换，典型的例子就是汽缸中气体的膨胀和压缩。但在开放系统中，能量的获得与散失是不可逆的。通过反应，系统本身及其环境或者两者同时发生变化……热力学第二定律所阐述的是，能量向着熵或无序度升高的方向散失。但生物系统是向着复杂性和有效性增高的方向发展，这似乎与热力学第二定律相违背。

城市设计的目的，就是要把城市及其组成部分开发建设成一个开放系统。在这个系统中，从外界吸收的能量被不断地积累加工，转化成各种复合形式。这种观念与钟表式城市理念明显不同。钟表式城市理念把城市看作是一个钟表，就像各组成部分各自发生功能的钟表那样运行。按照钟表式城市理念，发展起来的必将是大型都市，其中供养着城市的主人，没有任何回报，如果不进行任何调整改造的话，最终必将导致都市本身和都市主人的死亡。

与可持续性发展关系密切的另一个城市设计理念，就是土地的综合利用理论。上世纪初，出现了机械式的城市规划现象，土地利用生搬硬套、不合人性。土地综合利用理论就是在与这种现象斗争的过程中产生的。赞成可持续性发展的人认为，土地综合利用地段具备自给自足社区的良好前景，能缩短交通运行距离，包括从住家到工作单位、从住家到学校，或者从住家到购物中心等。作为一种理念，土地综合利用迈出了开放系统建设的第一步。在土地综合利用系统中，对系统的分析主要集中于各组成成分之间的相互关系和相互连接上。任何定居点的设计都涉及设计理念或设计思想问题，也就是发现问题和解决问题的基本思路。完成基本设计任务的设计技术以及实现未来目标和构建方案的基本策略也是定居点设计所应包含的内容。城市设计就是把城市的构成要素合理地组装起来，包括设计理念、伦理道德、社会需求或设计的物理结构，如建筑、基础设施、土地和植被结构等等。最终目的是实现可持续发展，并保证人类和其他所有生命有机体的安全生存。因此，城市设计的中心问题就是对各构成要素连接方式的分析，很可能这种分析已不再是各构成要素特征的简单罗列了。分析的最终目的，是找出两个相互依存的要素之间的最短距离和位置。在社区和居住区范围内，土地综合利用的设计思想就符合上述目标。土地综合利用思想虽不适宜于节点的详细分析，但它却为这种确定性的分析打下了坚实的基础。

　　每一项城市活动都有输出、有产量或者产原品。当这些输出、产量或产品再作为生产性使用时，才能被看作是资源。如果利用不当，就成了污染物。任何一项活动都有能源输入或能源需求。倘若系统本身不能提供，就得从系统外输入。按照终身教育理论，系统内某一构成要素的输出不能被其他构成要素有效利用时，这些输出就成为污染物。一个构成要素的需求，不能由其他构成要素自动提供时，就需要额外做功。[15]城市设计的目的就是创建这样的系统：某项活动的输入成为另一项邻近活动的输出。在可持续性城市中，各项活动的位置不仅仅局限于经济学上的功能点，更重要的是一种位置策略，即污染输出最低，系统外额外能源输入或额外工作需求最低。

　　自给自足社区或城市村庄的概念在可持续城市的构建中是很有用的工具。[16]第二次世界大战以后的早期阶段，英国所建造的某些新城镇就在某种程度上达到了这个目标。这些城镇按照生物有机结构来构建，对各构成要素就像生命细胞那样进行组织安排。吉伯特设计的哈洛（Harlow）新城，以等级结构为基础，全市分为四个区，每个区都有自己的中心地带。大区之下再划分小区，每个小区也都有它的区域中心。小区下面再进一步划分居住区，居住区下面再划分居住组团。居住组团由最基本单位或细胞——家庭组成（图 5.7）。

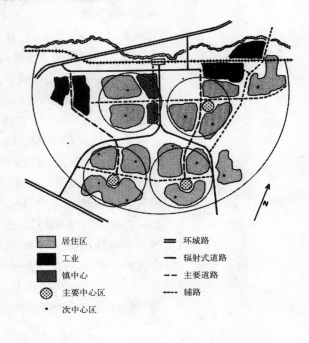

居住区　　　　　环城路
工业　　　　　　辐射式道路
镇中心　　　　　主要道路
主要中心区　　　辅路
次中心区

图 5.7　哈洛新城结构图

麦凯（Mckie）的"细胞再生"思想是城市有机规划的极好示例。[17]他设计了一个模型，用于重新构建城内街道和小区。他建议放弃大规模的综合城市开发，采用一些有力的设计工具，进行富于亲近感的小规模的更新和改造。在麦凯工作的时候，有许多明显的证据证明，在重建城市的物理结构过程当中，大规模的综合性开发摧毁了一些生机勃勃的社区。细胞再生的成功主要取决于对结构要素、社会和家庭要素特性的详细调查。通过调查，准确地知道了每个结构要素所处的状态，以及占据某一特定结构点的社会单元或家庭单元的发展阶段。每个单元或家庭被描述成一个细胞。软化细胞，即已经成熟。需要立即更新的细胞，就是那些物理条件差、住房急需更新的家庭。硬细胞，就是那些不急于进行更新改造的家庭。这样的家庭房产条件还算过得去，或者房产由一位老人所拥有，老人又不愿意搬迁。这种地产可以暂时不开发，等待老人慢慢过世，或者等待他（她）愿意搬到有人监护的住所去以后再说。小区开发的这种有机思想使某些地产的更新改造变得缓慢。但是，这种逐渐进行的开发改造对社区几乎不造成任何干扰，能与家庭的自然增长和衰落相吻合（图5.8）。

亚历山大在《俄勒冈试验》一书中提出了一种新的技术，目的是对那些备受崇敬的欧洲传统城市重建其有机秩序（图5.9～5.10）。[18]佛罗伦萨和威尼斯似乎完全是靠自然增长才具有了独具

细胞	1 舒适的标准	2 结构的缺陷	3 内部排列	4 内部维护	5 外在性/社会成本	6 使用期限	7 家庭类型/活动性	8 家庭对环境缺陷的感知	9 社会/血缘关系	10 工作场所的联系	11 外部的舒适度	12 改善住房有效需求的不足	品级	特殊注释
1	d	d	c	c	c	b	c	c	c	b	b	b	c	在私人出租屋的小型家庭
2	a	b	a	b	b	a	c	c	b	c	b	b	b	小型成人家庭，首批居住者
3	c	c	c	d	c	d	d	c	d	a	b	c	c d	主要为学生
4	b	b	b	c	b	c	a	a	a	d	a	a	a b	向地方当局付租金的老年人的情况是否有改善？
5	a	a	a	b	b	c	c	d	c	c	b	b	a/c	不愿搬家的家庭，寻找可能的国内房源
6	c	b	b	c	c	b	a	a/b	a	d	a	a	a b	在私人出租屋的老年人，其境况改善的潜力有多大？
7														

图5.8 细胞再生思想

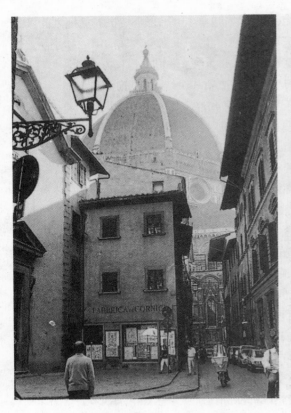

图 5.9 多摩，佛罗伦萨。圣玛丽亚·德尔·菲奥雷　　　图 5.10 里亚尔托大桥，威尼斯

魅力的城市特征。在亚历山大所提出的有机城市设计理论当中，过程和形式是一个统一体。[19]城市结构的构建产生了形式，而形式从一开始就产生了，也就是说城市构建的初期就需要形式。例如，橡子的生长产生橡树，但是没有两颗完全相同的树，虽然它们的构成要素基本相同。同样，对于有机城市或可持续性城市，虽然它们都是按照各组成部分的设计和连接要求的基本原则进行构造和设计的，但它们也不可能呈现出完全相同的形式。

　　对于有机城市设计，亚历山大提出了几个关键性的指导原则。原则之一就是有机开发必须逐步进行，并保证各种不同大小和规模的开发项目能够有序展开。更详细地，他特别指出，单一项的增长不可过大，从大型、中型到小型，各种不同开发规模的项目数量应该相等。[20]大型开发项目容纳的人数不超过10万人。但是，有人建议这个数字应该减少，这样在可持续发展上，大型项目也能达到小型项目的水平。[21]城市的开发建设也可采取边开发边试验、逐步扩大的办法，而不必预先绘制蓝图，详细地描绘出最终产品的式样。这种做法也符合终身教育的原则。

亚历山大的第二个规则是"整体增长原则"。按照这一原则，城市结构中各组成部分的增长必须有利于形成一个统一的整体。可以出现一些较大型的构造，如各种中心。这些大型的结构中心特征明显，入口易于辨认，比周围单个的建筑都要大，一般属于公共空间。亚历山大在规则四中对此有详细的描述："每一个建筑都应有与其结构相匹配的、结构良好的公共空间"。亚历山大理论的基本出发点，就是要使城市愈合，通过创建空间重叠的各种中心或局部的整体化，使整个城市成为一个整体。规则五和规则六详细阐述了建筑物和构造设施的处理手法，而这不是本书所主要关心的内容。但是，值得一提的是，即使对于建筑结构，亚历山大仍然按整体性理论对各建筑构成要素，如门窗、地面和廊柱进行分析论证，以创建各种中心建筑或整体感强的建筑。亚历山大对"中心"是这样定义的："中心并不仅仅包含其字面意义，是较大区域中位于中心位置的一个点。中心是一个入口，也可以看作是一件物品。一个建筑物、户外空间、公园、墙壁、道路、门窗，以及这些物件的各种组分，都可以看作是一个中心。"一般来说，中心应具有对称性，特别是一一对称性。当出现不对称的情形时，在中心化建造过程当中，往往要把这种不对称的'中心'，改造成较简单的'中心'，而它是局部对称的。不允许随机不对称性的安排布局。"[22] 图5.11～5.15展示了亚历山大的有机

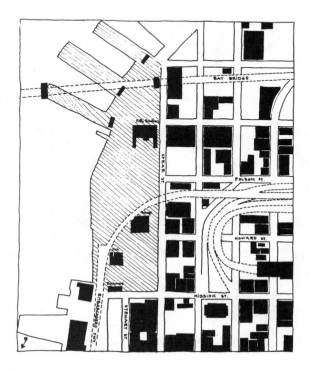

图5.11　亚历山大：有机设计过程中的场地

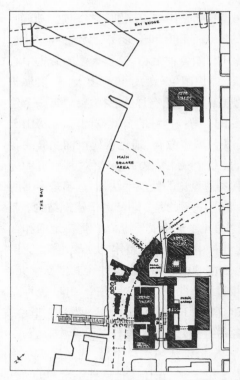

图 5.12　亚历山大：有机设计过程，初期

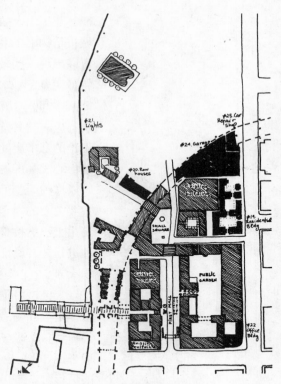

图 5.13　亚历山大：有机设计过程，中期

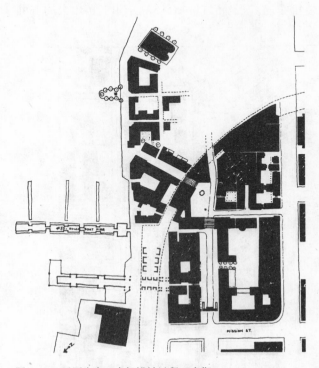

图 5.14　亚历山大：有机设计过程，末期

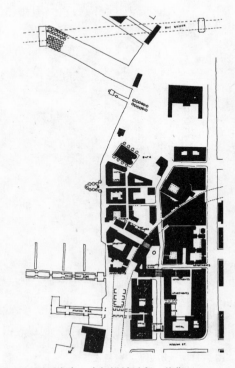

图 5.15　亚历山大：有机设计过程：终期

城市设计过程。在这项试验中，几组学生对每个规划设计项目分别进行了设计研究，绘制了增长序列图。没有总体规划图，仅是按照愈合和中心化过程的原则进行设计。各设立小组对一个新城区进行了地面规划，体现了欧洲中世纪城镇的特征，达到了设计目的。

个案研究

本节将通过个案研究，介绍类比法在可持续城市设计中的应用。第一个个案选自萨里市，探索终身教育主题是一个以生态学为基础的设计项目。第二个个案选自德比市，是一项铁路住宅改造方案，体现出城市村庄的思想。第三个个案进一步探索城市社区思想，并介绍在城市设计中如何进行小社区设计。在设计理念产生阶段，一群互不相识的人走到了一起，建立友情、相互支持，构成这个社区的基础。最终形成了具备有机城市特征的结构方案。

第四个个案是挪威生态城市。这一源于自然的观念在挪威得到了发展，并用于城市的总体规划中。通过对"加姆勒·奥斯陆(Gamle Oslo)"和卑尔根（Bergen）的分析介绍，来展示生态城市的各种特征。

英国萨里生态持续性城市设计，面积8英亩

这是一个私人居住区，周围有建筑资源大楼、生态中心大楼、大归尔福特16号（Great Guilford）和伦敦SE1公路。设计师是加勒（Gale）和斯诺丹（Snowden），他们擅长于生态和能源有效性设计。

该场地的主要设计思想是，将建筑与其周围景观相融合，以一种生态可持续性方式为居住者提供所需要的庇护场所以及能源、食物和水的供应。遵循了终身教育的设计原则。一座17世纪的建筑，经过翻新改造，衬托上周围的景观，创造出了生机勃勃、效率高、能自我调节的平衡生态系统（图5.16～5.19）。建筑所需的能源取自于设计地段的可再生能，包括太阳能和小树林。小树林起到了与周边环境相隔离的作用。高效共振门窗、防风装置、被动通风设施和低能耗都是该设计的独特之处。翻修改造所使用的各种材料和物品都是"健康"的，也就是说，不论是在设计地段，还是在运输途中，这些材料和物品都能最大限度地减少污染，减少能量的消耗。

根据使用频率、地形地势和微气候特征有意识地进行景观布局。植物配植以当地种类为主，主要是一年生自结种植物，并适当引进少数种类。选用短寿命植物的目的主要是为了增强林地景观的多样性，丰富动植物种类。在景观设计上，通过防风带、绿

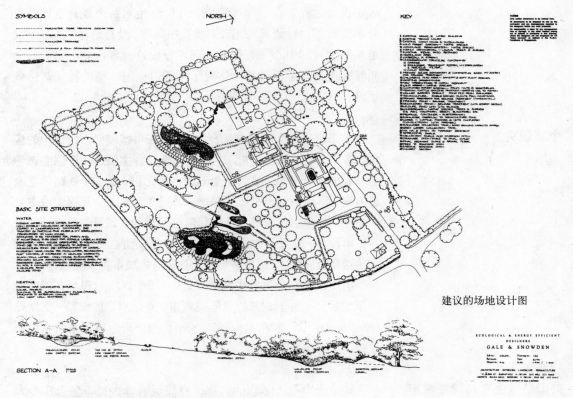

建议的场地设计图

图5.16　萨里市生态持续性设计规划（盖尔和斯诺登）

篱、池塘、沼泽和草地的设置创建丰富多样的环境和微气候，以适应多种动植物的栖息生长。

在景观设计上，还考虑到了食物生产功能。林园可以生产各种水果、坚果、沙拉和蔬菜，只需要很少的经营管理。除生产食物和为野生生物提供庇护外，林园还可以改善房屋周围草地和菜园的土壤结构。池塘和沼泽地可以生产鱼类、甲壳类动物和生长水草植物。此外，场地内也为养鸡、养鹅和养鸭设计了空间。对生态系统来说，这些内容也是必需的。

此外还创建了一个模仿自然生态系统的循环系统，所有废弃物都在设计地段内循环。雨水供家庭所用，污水引入池塘中。污水用生物方法进行处理，先流过碳过滤器（木屑、碎片），再经过芦苇地，最后流入池塘，污水被转化成有用的肥料。在靠近林园的沉淀收集地带，种植能够大量吸收养分的植物，并将其用作肥料。雨水被收集并经过处理后，一部分作为饮用水，一部分供厨房所用。大量雨水贮存于一个地下水池中，经过净化、加压引

图 5.17　萨里市生态持续性设计

图 5.18　萨里市生态持续性设计

图 5.19　萨里市生态持续性设计

入房内，供厕所、洗衣机和洗碗使用。

　　野生生物池塘位于水生植物栽培体系的末端,对整个水系起缓冲作用。夏季,太阳能 PV 板将野生生物池塘中的水抽到水生植物栽培池中,防止对池中的各种生物产生不利的影响。野生生物池塘蓄水量的有规律的变动形成一个特殊的生境条件,满足一些特殊生物种类的需要。[23]

　　在本例中，以生态可持续性为基础，建筑与其周围景观形成了一个统一的整体。整体中各组成要素相互作用，共同形成一个完整的生态系统。在这个生态系统中，植物、动物以及其他各种生物形成一种共生关系。本例是莫利森终身教育原理的具体应用。莫利森认为，终身教育的基本原理就是与自然相协

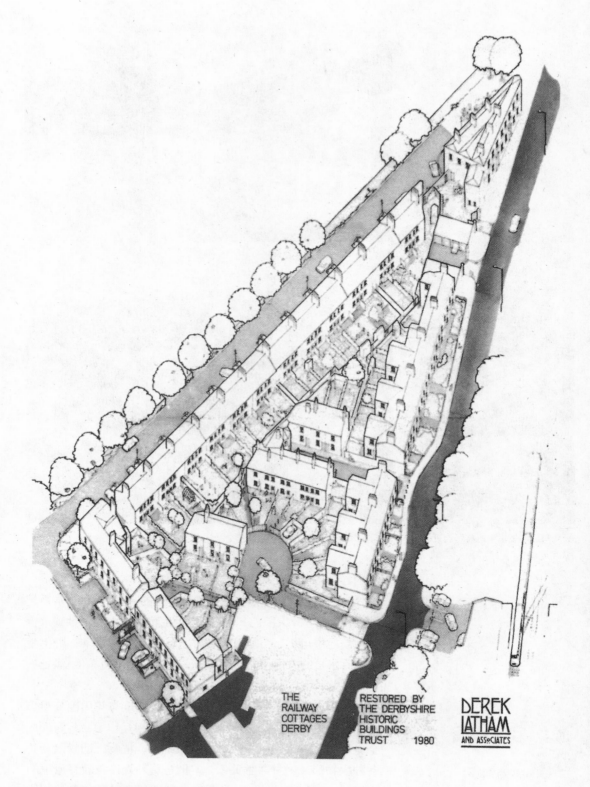

THE
RAILWAY
COTTAGES
DERBY

RESTORED BY
THE DERBYSHIRE
HISTORIC
BUILDINGS
TRUST   1980

DEREK
LATHAM
AND ASSOCIATES

图 5.20   德比铁路住宅区轴测图

调，而不是违背自然规律；崇尚缜密的观察思考，而不是盲目地采取行动；充分看到系统各个方面的功能，让系统自身去进化演替。[24]

德比铁路住宅区

——戴瑞克·拉海姆（Derek Latham）有限公司设计

经过 20 多年的保护，德比铁路住宅区（图 5.20）已经成为一个繁荣兴旺的城市村庄，成为可持续性发展的生动范例。严格按毛林森的定义来看，这个村庄并不是一个自给自足的社区。的确，村里并不生产食品和能源，但它确实具有一些可持续性发展的特征。这个社区离市中心不远，步行即可方便地到达，距离火车站也只有几码远。虽然许多居民都有小汽车，但社区的持续发展不依赖于小汽车。它所在的地区企业众多，就业容易。在自然保护和环境设计方面（可持续性发展的两个重要衡量指标），该项目也树立了一个高标准样板。德比的这一铁路住宅区，很适合于用作个例研究，展示与可持续性发展密切相连的城市村庄发展的各个方面。

德比铁路住宅区建于 1840 年，是世界上已知最早的铁路公司住宅区，与德比火车站相邻。尽管德比市政学会曾发起过一场拯救铁路住宅区的运动，但是德比议会并不打算将它收归议会所有。因其位于一条规划的道路上，曾计划将其拆除。比较可行的方案就是对其进行修复，然后公开出售。这样，这一住宅区就由德比历史建筑信托投资公司买了下来。

一些咨询代理机构认为，连栋楼房在德比没有市场。而一些专业房地产开发商也认为，德比人喜欢独栋或半独栋式房屋。1979 年项目刚开始的时候，一栋未翻修的连栋房售价 5000 英镑，翻修后售价为 8000 英镑。但是，到完工的时候，价格可能还会下降 2000 英镑。所以，市场预测很不乐观。

问题的关键是市场到底需要什么，以及如何以一种独特的方式开发出一种产品来满足这种需要。[25] 经过调查发现，市场上所需要的是两室或三室的单元房，面积不能太小。空间布局合理、宽敞，取暖经济方便，周围景观优美，前门外有足够的保护空间，带有大小适度的花园和停车场。有这个市场调查，项目的设计目标自然就是满足这一市场需求了。

项目首先选择一部分区域作为改造样板，进行实质性的翻新改造。区域边缘或区域内的道路封闭或半封闭。这就为带栅栏的花园和专用停车场的建设留出了空间。这样一来，每栋房屋翻修改造的成本就上升到了 1.15 万英镑，销售价格就不得不提高到1.275万英镑。一家建筑评估机构进行合理的评估后认为，这个价格可以接受，并购买了前六栋翻修好了的房屋。到了项目的后期，需求增加，售价提高到了1.35万英镑，项目有了盈余。10年后，价格翻了五倍。

德比铁路住宅项目对55栋19世纪的传统住宅进行了翻修改造。有些房屋被拆除，以改善保留房屋的光照条件。拆下来的物料被重新用到其他房屋的翻修上。对房屋周边景观进行了美化，街道进行了铺装翻修。每一条街道都有自己的街名，原来的铁路旅馆改建成了公共活动中心。所有这些都是在市场需求的推动下完成的。所以说，对那些关心持续发展的有识之士来说，该项目是最好的可持续性开发实例了(图5.20～5.24)。

图5.21 德比铁路住宅区草图

图5.22 德比铁路住宅区：翻修前

图5.23 德比铁路住宅区：翻修改造以后

图5.24 德比铁路住宅区：翻修改造以后

诺丁汉郡纽瓦克米尔盖特项目（诺丁汉社区住房协会）

不论是可持续性发展理论还是终身教育理论，设计过程中的公众参与都是必不可少的环节。通过参与设计过程，公众可以对它们的居住环境进行有效的控制。规划设计当中有关公众参与的理论构想请看：《城市设计：街道与广场》和《地方21世纪议程：社区景观创建与社区公众参与》。[26]本节将通过对诺丁汉郡纽瓦克市的个例研究，较详细地介绍一些公众参与的技术。

纽瓦克开发项目源于德比郡凯拉斯顿教区牧师马克·威达尔·霍尔先生。他持有这样的观点，在社区建设方面，建筑师和规划师所采用的方法都是不正确的。他们过于强调实体结构，从一开始就走错了方向。他们都是先构造和设计实体结构，然后期望人们迁入这些结构之中，就好比是"先造马车，后生马"。威达尔·霍尔先生在他的论文中提出相反的设计过程。他认为，社区的创建应该在规划和施工之前就已经完成了。也就是说，许多人聚在一起称为团组，形成一个社区。社区的结构形式由社区中的人自己来决定，以满足他们居住生活等方面的需求，实现他们的愿望。纽瓦克试验区就是按照这样的思路进行的。诺丁汉社区住房协会已接受了一项房屋建设任务，即在一块1公顷的场地上建造25栋库房。该协会同意与诺丁汉大学规划研究所项目组合作，建设一处以威达尔·霍尔思想为基础的试验性社区（图5.25~5.26）。

项目介绍刊登在当地报纸上，并附有一封致公众的邀请信，邀请那些希望对自己未来住家进行设计的家庭参加聚会。有50个家庭参加了讨论会，但按照住房社会化的程度，最后只选中了

图 5.25　纽瓦克市米尔盖特小区
入口

图 5.26　纽瓦克市米尔盖特小区
场地

25家。这25家都有积极参与的愿望，包括单身家庭、新婚夫妇、单亲家庭、带有大龄子女的已婚家庭和退休单身家庭等。家庭类型的选择虽然没有严格统计学意义上的代表性，但也考虑到各种类型家庭的平衡。这些家庭就是威达尔·霍尔理论中所说的团组，将来社区就在这个团组的基础上来构建。

咨询会议在靠近规划设计区域的一间房屋内进行。团组成员首先作自我介绍，然后与设计小组见面，并听取各项活动的安排情况介绍（图5.27）。在第一次会议上，首先决定每周发布一次小告示，通报未来各项活动安排和项目的最新进展情况（图5.28～5.29）。在第二次聚会上，由地方建筑师带领，对该镇进行了踏查走访。建筑师的任务就是要让团组成员了解哪些东西是纽瓦克市所独有的，哪些东西能代表纽瓦克市的特征，以及小区周围的街道景观视觉情况。有了这些初步的工作，公众参与小组增强了信心，有了共同的目标，第一阶段的设计工作就开始了。研究小组向公众参与小组展示了规划设计区模型，并以同样比例制作了住家模型。住家模型有平房、有公寓、有2层的楼房，大小面积不等。根据家庭人口数量，每个家庭将选择一处与之相匹配的住房，并把姓名标注在模型的底部（图5.30）。

图5.27　纽瓦克米尔盖特规划设计现场会

5.28

5.29

图5.28　米尔盖特项目告示
图5.29　米尔盖特项目告示

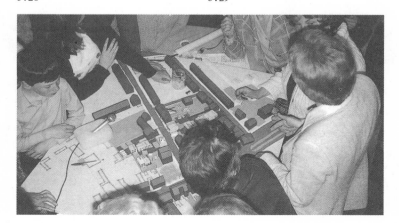

图5.30　米尔盖特项目模型

经过初步挑选,把公众参与小组分为两组。第一组是选择道路北侧住房的家庭,第二组是选择道路南侧住房的家庭。在每个小组当中都有一些家庭希望能住在相邻的小区。比如未婚的年轻人希望能住在一处公寓里,已婚并有三个孩子的家庭希望能与一个单身妇女为邻。两家的花园由这对夫妇来照料,而这位老妇人则帮他们照料孩子。在设计过程中就要考虑到这位老妇人的特殊身份——带有被收养的意思。几位老人愿意住平房,并且能相互为邻。一位单身母亲,有一架钢琴,希望能有放钢琴的地方,愿意住在小区的边缘地带,离邻居们远一点。社区的构建并没有像我们所想像的那样在设计开始之前完成,而是与设计过程一同进行。实际上,社区的构建与规划设计是平行的。三周以后,拿出了初步设计方案,方案上标明了每个家庭所在的位置。方案提交到地方当局进行审核评判,他们没有提出反对意见。接下来就需要进行更详细的细部规划设计了(图5.31)。

下一步就是让每个家庭对自己的住家进行设计。为此,要求每个家庭对现在的住所进行描述,指出其优缺点,并尽可能地绘制成图。另外,还组织公众参与小组去米尔顿凯恩斯参观,了解各种住房造型。这样,乘公共汽车参观和中午的午餐就成了社区构建的一个组成部分,虽然最初的目的只是为了使公众参与小组扩大视野(图5.32~5.33)。

住宅设计的另一个工具是大比例尺模型。模型底座由泡沫板构成,上刻深沟槽,将底板分割成面积为1m²的小方块,成棋盘状;比例尺为1:20。沟槽用于搁置墙体和门窗(图5.34~5.37)。

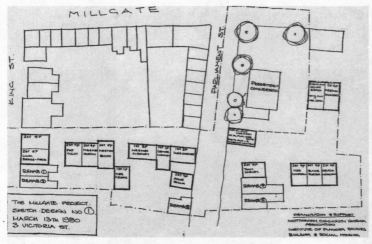

图5.31 米尔盖特项目规划草图

图5.32 米尔盖特项目:参观米尔顿凯恩斯

图 5.33　米尔盖特项目：参观米尔顿凯恩斯

图 5.34　米尔盖特项目：住房模型

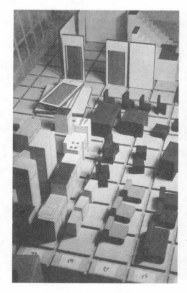

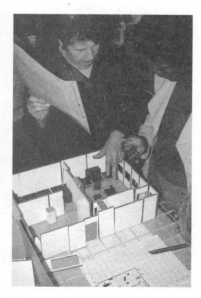

图 5.35　米尔盖特项目：住房模型　　图 5.36　米尔盖特项目：住房设计　　图 5.37　米尔盖特项目：住房设计

带有沟槽的厚塑胶板的样式与底座近似，代表第一层。在拐角处用木钉连接，高度按比例制作。除墙板外，还有楼梯、家具、室内装饰等模型。每家都有一位建筑师协助设计他们梦中的家园。小方块按家庭大小对号分配。设计工作主要由各家自己进行，遇有问题时，建筑师才能提供帮助，比如在建筑结构或几何造型方面出现错误的时候。晚上，利用三个小时的时间，大多数家庭都设计出了自己满意的家园。然后，把他们的设计安排在模型底座的小方格上（图5.38～5.39），并鼓励各家尽可能地把每一个房间的突出特征标示出来。我们把上述过程看作是一个大游戏，就像特利（Telly）游戏那么好玩。

项目设计小组建筑师丹·博恩(Dan Bone)负责草图的解释和重绘。然后，社区小组成员与专业设计师再共同对图纸进行分析对比、修改和加工（图5.40）。有些分割墙发生了改变，又进行了重新设计。最后制作了一个大比例尺聚苯乙烯模型(图5.41～5.42)。其目的是为了对建筑物之间和建筑物周围的空间进行合理的分配安排。在景观设计方面，又另外组织了一次参观访问，这次去的是诺里奇。诺里奇以景观布局优美而著称。去诺里奇参观也是社区构建的内容之一。在轻松愉快的气氛中，加深了各成员

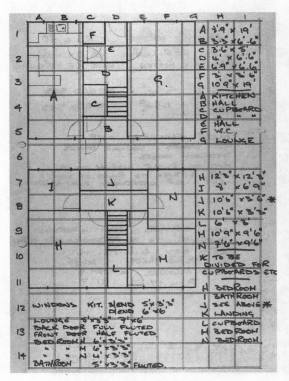

图 5.38 米尔盖特项目：住房规划

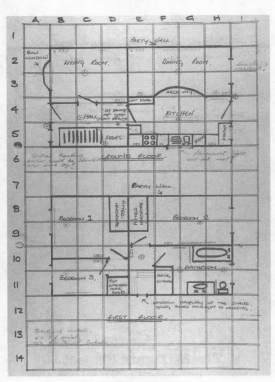

图 5.39 米尔盖特项目：住房规划

图 5.40 米尔盖特项目：住房规
划评判

图 5.41 米尔盖特项目：大比例
尺模型

之间的友谊（图 5.43～5.44）。

项目开始后三个月，在规定的期限内，最终人性化规划方案
提交给了住房协会（图 5.45）。项目总投资比当时政府所设定的投
资限额高出了 10%，基本与政府的投资估算相吻合。遗憾的是，
当时的保守党政府对所有新建住房都征收延期偿付税。两年以
后，这一地段得到了开发建设，其规划设计基本上采用了上面所
提到的社区小区和项目设计小组提出的方案（图 5.46～5.49）。

纽瓦克市米尔盖特项目清楚地表明，在住家及其周围环境的
细部设计过程中，小区成员是完全可以参与到设计之中的。在米
尔盖特项目中，社区的创建是逐步完成的，并且采取的是一种友
好协商方式，它较好地反映了定居区的演化发展过程。与单调平
泛，而且常常不合人性的宏观设计相比，它能够创造出丰富多变
的小区环境。在城市设计公众参与方面，有两个最强有力的工
具，一个是构建各种不同比例的设计模型，另一个是邀请社区成
员去类似地区进行参观访问。

图 5.42 米尔盖特项目：大比
例尺模型

图 5.43 去诺里奇参观

图 5.44 去诺里奇参观

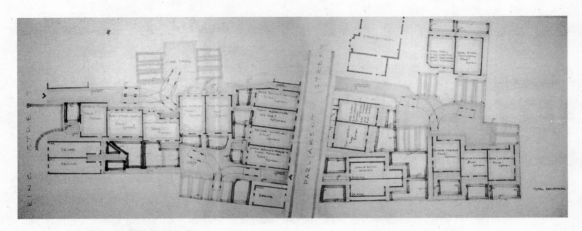

图 5.45 米尔盖特：人性化规划方案

124 城市设计方法与技术

图5.46 米尔盖特项目：完工后的情况

图5.47 米尔盖特项目：完工后的情况

图5.48 米尔盖特项目：完工后的情况

图5.49 米尔盖特项目：完工后的情况

生态城市：来自挪威的个案研究

从许多方面来说，挪威都可以看作是可持续性发展理论的诞生地。当然，还有许多其他地方也号称是可持续性发展理论的发源地，这样的例子可以举出好几个。在一次有关环境问题的国际会议上，出现了挪威的主要领导人布伦特兰(Brundtland)的名字，清楚地表明了国家政治领域对可持续性发展理论的支持。[27] 本书是以可持续性发展为主题的，那就很有必要看一看挪威当前的环境保护情况。挪威个案研究中所体现的规划理念是生态城市或环境城市。

1992～1993年，挪威环境保护部设立了环境友好开发建设项目，涉及五个城市，分别为腓特烈斯塔 (Fredrikstad)、克里斯蒂安桑 (Kristiansand) 卑尔根、特罗姆瑟(Tromsø)和奥斯陆的一部分加姆勒城区，或称奥斯陆老城 (图5.50～5.53)。项目所涉及人口最少的是奥斯陆老城，共1.9万人，最多的是卑尔根市，共2.15万人。项目的目的就是要树立一个可持续发展样板。在这个样板中，具备良好的工作就业条件，儿童和成人的生活环境得到改善，每个人的生活水平都有所提高。

运用生态学的观点，通过该项目的实施创造一套完整的城市规划设计新方法。项目的中心理念大部分来自布伦特兰规划委员会。[28] 环境城市的主要特征和优先考虑的问题如下：

1)土地综合利用和交通运输规划。优先考虑有利于环境的交通运输线路和方式，改善城市环境，提高建成区道路密度。土地利用类型围绕交通运输系统进行安排，减少对自然资源（包括能源）的利用，降低对交通运输的需求。新建居住区和商业区主要

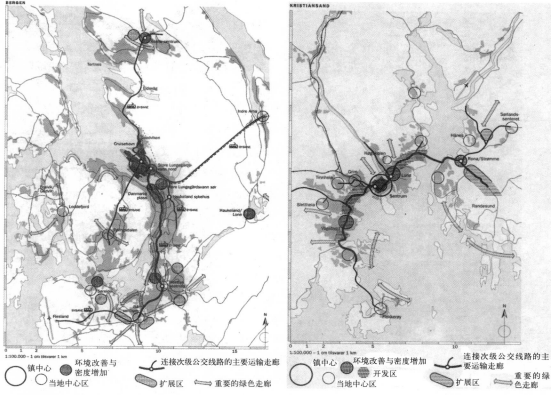

图 5.50　挪威卑尔根市发展规划　　　　　　　　　　图 5.51　克里斯蒂安桑发展规划

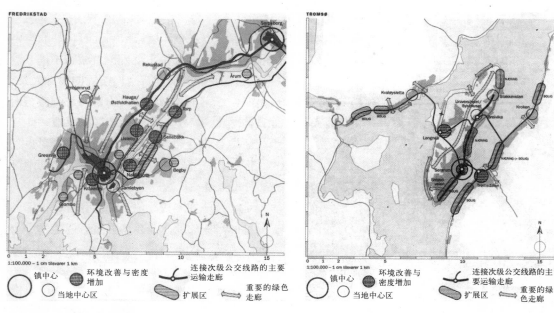

图 5.52　腓特烈斯塔发展规划　　　　　　　　　　图 5.53　特罗姆瑟发展规划

安排在交通走廊沿线和公共交通系统的节点部位。

2)相关政策已经制定,以强化中心城区在商业、社会和文化活动中的中心地位。中心城区具备居住、生产、从事商业和文化活动等功能,通过有利于环境的交通运输方式与外界建立联系,减少开私人汽车到中心城区以外进行购物等各项活动。

3)挪威环境城市的另一个重要特征就是"生活近邻"理念。住家周围都有高质量的生活环境,能够提供各种必需的设施和服务,能满足绝大部分生活和娱乐需求,减少市内的人口流动。

4)挪威风景如画、环境优美。在环境城市规划设计当中,对大自然的热爱占据主导地位,就不必感到惊奇了。水生环境和绿地为人们提供了很好的休闲娱乐环境,有利于生物多样性的保护,居民在住家附近就能充分享受到绿色大自然所带来的乐趣。城市的绿地系统成为人行道和自行车道的重要组成部分,有利于改善城市小气候。

5)废弃物管理和循环利用在挪威生态城市发展中占有重要位置。各种废弃物,包括生活垃圾、工业垃圾和商业垃圾,都在其源头进行初步分类处理。这样既减少了垃圾数量,又提高了循环利用率,也更有利于剩余垃圾的处理。

6)优先考虑建成环境的规划设计。通过对建成环境的保护、公共用地的开发和文化遗产的保护创造设计出良好的城市物质环境。居民更容易接近公共设施,参观文化遗产等公共场所更方便。从总体上来说,环境城市还应该让社区居民意识到社区的特有风貌和它的历史渊源。[29]

按照项目的总体目标,每一个环境城市都针对自己的特定地点和特定条件采用了上述可持续性发展理念。城市不同,对上述六条原则的应用也有所不同,从而产生出不同的设计效果。奥斯陆加姆勒城区是日渐衰落的内城。项目的目的是刺激当地经济的复苏,改善日益恶化的环境,鼓励当地居民采取一些行之有效的、有利于社区发展的行动。在规划设计上充分考虑到它所处的历史地位。例如,将一处具有丰富的考古遗迹的地区开发成为公园,一方面吸引游客、发展旅游;另一方面又作为非常珍贵的居住区绿地。有一处学校,由于管理和资金方面的原因曾经关闭了。在社区居民的要求下重新开张,成为又一个社区关注的焦点,同时也是社区走向繁荣的重要标志。该项目最令人关注的地方可能就是对过境交通的限制。项目采取了一些不同于一般的手法,降低了主要道路的宽度,把封闭的机动车道改造成一个线性公园 (图5.54~5.58)。卑尔根和克里斯

图5.54 奥斯陆加姆勒城区
环境更新

图5.55 奥斯陆加姆勒城区
考古公园

图5.56 奥斯陆加姆勒城区
重新开张的学校

图 5.57 奥斯陆加姆勒城区主干道改造成的线性公园

图 5.58 奥斯陆加姆勒城区主干道改造成的线性公园

蒂安桑保留有完好的建筑遗产(图 5.59~5.61)。两座城市都打算维持和保护这些遗产。卑尔根市的老市场区布赖根正在用传统建筑材料和建筑方法对建筑遗产进行大规模的翻新改造(图 5.62~5.65)。布赖根老城也在经历大规模的、焕然一新的更新改造。按照荷兰伍内尔夫市的设计原则在道路上设置坡道和障碍道,降低车辆行驶速度,将街道重新还给行人。这些地方虽然仍然需要小汽车,但它已经不再是最主要的城市景观了(图 5.66~5.70)。克里斯蒂安桑不但拥有纯洁无瑕、精美绝伦的木结构沿街建筑,还有工艺精湛的污水处理设施深埋于山脚旁。在挪威,环境城市规划的关键问题是交通运输系统的规划设计,目标是减少人口的流动,降低对私人小汽车的依赖。生态城市理论在挪威得到了很好的发展。但是,若要大幅度地削减道路建设费用,增加大容量公共交通系统的投资,对挪威政府来说是一项很艰难的政治决策。

图 5.59　克里斯蒂安桑

图 5.60　克里斯蒂安桑

图 5.61　克里斯蒂安桑

图 5.62　卑尔根布赖根小区

图 5.63　卑尔根布赖根小区　　　　图 5.64　卑尔根布赖根小区

图 5.65　卑尔根布赖根小区

图 5.66　布赖根老城：安静的
交通

图5.67 卑尔根老城：安静的交通

图5.68 卑尔根老城：环境的改善

图 5.69 卑尔根老城：环境的改善

图 5.70 卑尔根老城：环境的改善

由历史渊源触发的设计理念

既往历史发展情况是产生设计理念的重要源泉。在过去已完成的规划和建设中，往往有许多实例可供借鉴，从而激发出新的设计理念。即使对过去的情况了解得有点偏差和误解，在类比设计和设计理念的形成过程中也往往会产生出意想不到的效果。早在18世纪，老约翰·伍德（John Wood）对巴斯市进行重新规划设计时，他的出发点就是希望这座城市能重新回到过去罗马时代的式样。他规划设计了数个体育馆、一个马戏场和一个庞大的罗马城。当然，这只是他个人的观点，实际情况并不像他所想像的那样。老约翰·伍德的马戏场是一座3层的住宅式建筑。正如萨默森所指出的，罗马的马戏场都面向外部空间，而且比老约翰·伍德的马戏场要大许多倍（图5.71～5.73）。伍德对罗马马戏场的规模和尺度可能有所误解，但是他以古罗马设计思想为出发点，确实创造出了城市设计杰作。他设计了一座赌博大楼，供

图5.71　巴斯市马戏场

图5.72　巴斯市马戏场

图5.73　巴斯市马戏场与罗马马戏场相比较

18世纪那些住在温泉城里的富裕的中产阶级和来访者使用。

对设计师来说,以过去的历史发展为参照产生设计理念,其主要的难点和风险在于如何选择与今天的设计对象相关的实例,这可不像在海滩上捡垃圾。由过去的历史发展所产生的任何理念实际上包括各种来源的设计理念,都必须与当前的环境保护和资源保护相关联。有一种城市设计理念把城市看作是一个可以围封和折叠的3层或4层的建筑实体。据说这种设计理念可以提高能源的有效性。中世纪的线性规划理念据说也有同样的效果。小区沿道路建设,可以向道路两侧有较长的延伸,尽可能地增加每个小区的单元数量。[30] 按照可持续性发展理论,对某种设计理念的评价,其美学价值并不是关键的,最重要的是要看它能在多大程度上达到有机城市的要求。

结　论

有机城市理论也有其局限性。城市不是一棵树,[31] 它不能生长、不能繁殖,也不能进行自我治愈。城市中变动的主体是人类。人类具有贪婪性、有智力,有时也会表现出令人吃惊的慷慨和大度。借用人体的心脏、肺和动脉来对城市进行描述,无助于城市问题,如中心城区的衰退、污染和格栅状街区的形成等问题的分析和解决。但是,通过人体解剖学的类比,有可能激发出有价值的设计思想,有助于解决当前城市所面临的各种问题。[32] 关于分析评价,源于自然的最有用的工具就是生态系统理论,特别是热带雨林生态系统。热带雨林内,动植物群系相对稳定,各物种之间的关系处于一种微妙的平衡状态,不需要能量的输入和输出,并且能够很好地解决自身的污染问题。在这种开放系统中,可以按照各构成成分之间的相互关系对他们进行分析和定义。系统分析不需要构建数学模型,可以用来测试评价各种规划设计理念的有效性。今天,对我们所面临的城市问题必须找出有效的解决办法,以免进一步给脆弱的全球生态系统增加负担。

参考资料：

1 Lynch, K. (1981) *A Theory of Good City Form*, Cambridge, MA: MIT Press.

2 Le Corbusier (1946) *Towards a New Architecture*, London: Architectural Press; (1948) *Concerning Town Planning*, London: Architectural Press; (1967) *The Radiant City*, London: Faber and Faber; (1971) *The City of Tomorrow*, London: Architectural Press. Leger, F. (1975) The machine aesthetic: the manufactured object, the artisan and the artist, *Bulletin de l'Effort Moderne*, Paris, and quoted in T. Benton and C. Benton with D. Sharp, eds, *Form and Function*, London: Granada (1979). Sant'Elia, Antonio (1914) The new city, *Nuove Tendenze*, Exhibition Catalogue, Famiglia Artistica, Milan, May-June, and quoted in *Form and Function, ibid*.

3 Moughtin, J.C. (1996) *Urban Design: Green Dimensions*, Oxford: Butterworth-Heinemann.

4 Geddes, P. (1949) *Cities in Evolution*, London: Williams and Norgate; Mumford, L. (1938) *The Culture of Cities*, London: Secker and Warburg; (1946) *Technics and Civilization*, London: George Routledge; (1961) *The City in History*, Harmondsworth: Penguin.

5 Kopp, A. (1970) *Town and Revolution*, trans. T. E. Burton, London: Thames and Hudson.

6 Lloyd Wright, F. (1957) *A Testament*, New York: Horizon Press; (1958) *The Living City*, New York: Mentor Books.

7 Alexander, C. (1975) *The Oregon Experiment*, New York: Oxford University Press.

8 Lovelock, J. (1995) *The Ages of Gaia: A Biography of Our Living Earth*, Oxford: Oxford University Press, 2nd edn.

9 *Ibid*.

10 Mollinson, W. (1992) *Permaculture: A Designers' Manual*, Tyalgum, Australia: Tagari Publications.

11 *Ibid*.

12 *Ibid*.

13 Moughtin, J.C. (1996) *op. cit*.

14 Both quotes are taken from Mollinson, W. (1992) *op. cit.*, The first is from Koestler (1967) and the second is from Newsweek (1977).

15 Mollinson, W. (1992) *op. cit*.

16 Moughtin, J.C. (1996) *op. cit*.

17 McKie, R. (1974) Cellular renewal, *Town Planning Review*, Vol. 45, pp. 274-290.

18 Alexander, C. (1975) *op. cit*.

19 Alexander, C., Neis, H., Anninou, A. and King, I. (1987) *A New Theory of Urban Design*, Oxford: Oxford University Press.

20 *Ibid*.

21 Moughtin, J.C. (1996) *op. cit*.

22 Alexander, C. *et al*. (1987) *op. cit*.

23 Mollinson, W. (1992) *op. cit*.

24 Based on letters from David Gale.

25 Taken from a personal communication, Derek Latham and Company Limited, November 1997.

26 Moughtin, J.C. (1992) *Urban Design: Street and Square*, Oxford: Butterworth-Heinemann; The Local Government Management Board (LGMB) (1993) *Community Participation in Local Agenda 21*, Luton: The Local Government Board; and LGMB (1996) *Creating Community Visions*, Luton: LGMB.

27 World Commission on Environmental Development (1987) *Our Common Future: The Brundtland Report*, Oxford: Oxford University Press.

28 *Ibid*.

29 Norway, Ministry of Environment (1994) *Five Environmental Cities: A Short Description of a Development Programme*, Oslo: Ministry of Environment.

30 Moughtin, J.C. (1996) *op. cit*.

31 Alexander, C. (1965) A city is not a tree, *Architectural Forum*, April, pp. 58-62, May, pp. 58-61.

32 De Bono, E. (1977) *Lateral Thinking*, Harmondsworth: Penguin, and Gordon, W.J.J. (1961) *Synectics: The Development of Creative Capacity*, New York: Harper Row.

第六章　项目评价

前　言

中型和大型城市设计项目,其主要目的是为了改善城市的经济社会条件和基础设施状况,并不单单局限于城市的物质结构更新。比如,内城改造项目往往涉及许多方面,但一般都要包括就业和可持续性发展方面的内容。对这类项目,就要从经济学和社会学的角度考虑设计方法和设计技术问题。传统城市设计评价工具与现代设计方法和技术的相互结合,可以更好地洞察项目对经济社会发展和环境状况的影响。

经济评价技术

项目经济有效性评价涉及一系列的方法和技术。本章重点讨论项目货币价值评价技术。为简单起见,对各种评价技术只做概括性的介绍和讨论。经济评价技术当中最常用的方法就是方法学方法,即折现法。该法将成本和收益都折换成净现值 (NPV),使它们能在同一水平上进行比较。在各种折现评价方法当中,如成本有效性分析法和成本收益分析法,最基本的内容就是净现值。从经济学的观点来说,不管采用何种方法,都要有助于对项目的经济有效性做出正确的判断。项目收益难以进行定量化描述时,主要应采用成本有效性分析法。该法首先对项目所涉及的各种成本,包括资本成本和收益成本进行计算,然后采用一个合适的影子价格将最终成本流折换成净现值。通过对项目各种设计方案的评估分析,哪一个净现值低,就选择哪一个方案。该方法的前提是,所有候选方案在服务质量上没有差别。

项目货币价值评价的另一著名方法是成本收益分析法(CBA)。该法涉及三个主要因素,即中期回报率 (IRR)、净现值(NPV)和收益-成本比率(BCR)。正如在前面的章节中所介绍过的那样,IRR就是在投资评价中所使用的、当项目成本与未来现金流动相平衡时的折扣百分率。IRR越高,项目的回报率就越大。该法便于将项目的投资回报率与其他类型的投资回报率进行对比分析。这样,对某一投资机构来说,可以预先设定一个最低投资回报率，比如说10%。用IRR分析法进行评价后，回报率高于10%时就接受，反之则拒绝接受。IRR还可定义为净现值为零时的折扣率。从定义上来看，IRR和NPV是密切相关的。净现值只不过是收益率折现与成本折现的差值。例如，100英镑的现值仍为100英镑。但一年以后，100英镑的价值会下降，因为它能获得利息，比如说10%。那么，100英镑的净现值，当利息率为10%时，其一年以后的价值约为90.91英镑。

NPVs通常由一个预先设定的折现率及其相关的表格来获得。常用的表格为派瑞评估表（Pary's Valuation Tables），[1]表中列出了1英镑在0～15年内按不同的折现率所得的现值。但是，目前最通用的方法是预先设定一个折衷折现率，一般为8%，用它来对各个侯选方案进行评价，从中选出NPV最高的那一个。当然，更好的方法是先估计出私有企业的回报率，然后，将同样的资金投入到公共事业上时，至少应与私有企业有同样的回报率。

收益－成本比率（BCR）是总收益与总支出折现后的比率。例如，当折现后的总收入为120英镑，总支出为100英镑，收益成本比率为1.2：1。运用收益成本比率可以区分出那些净现值高的方案。因为对于那些回报率高的方案，在运用收益成本比率评估时具有放大的作用。大多数情况下，对同一个项目，用IRR、NPV和BCR进行评估所得出的结果基本相同。个别情况下也会有所不同。一般来说，当预先设定了一个投资回报率时，可选择用NPV法进行评估，目标是使NPV最大化，然后再用BCR进行补充验证。

城市设计项目的经济评价

前面已经讨论过，城市设计项目的经济评估最重要的技术就是成本收益分析法。当有多个候选方案，而只能从中选出一个最可行的方案时，经济评估就是必不可少的。

项目的总体目标就是经济评价的起点。正如在第一章中所谈到的那样，城市设计的目的主要有三个方面：构建良好的城市结构、城市功能运行良好，同时又能使人们感到愉悦和欢快。这三个目标的大前提是可持续性发展。另外，这些基本的目标还必须与当地的情况相适应。要想成功地实现项目所设定的目标，这些目标就得有一定的衡量标准。[2]目标模糊不清，就会带来许多问题，将项目引入歧途。目标明确了，用成本收益法进行评估就更容易。

成本收益分析评估方法以项目特定产品的成本和收益估算为基础，紧扣项目所设定的各项目标。成本收益比率法，可以实现多个方案的评估，从中选出商业价值最高的项目，也就是成本收益比率最低的项目。

项目类型不同，成本和收益的类型也不同。例如，交通运输项目所涉及的成本和收益与房屋翻修项目就不同。根据舍费尔德(Schofield)的观点，城市更新所涉及的收益主要包括地块生产力的提高、邻近地区的增益和社会支出的减少。成本主要包括地皮成本和地块开发成本。[3] 在所有的成本估计当中，最难处理的是社会成本，如犯罪率的降低。

在《城市设计：街道与广场》一书中，有一个关于贝尔法斯特的个例研究。[4] 书中写道："市场地区项目的主要目的是，为市场地区的居民创造良好的居住环境。具体地说，就是在至少9.5公顷（21英亩）的土地上重新为2200人安排住房，住房样式为2层或3层单幢小楼。其他目标还有，对质量较好的房屋进行翻新维修、对小型生产性企业进行重新布局、减少行人与机动车之间的冲突、对上市场和下市场进行隔离、建设一处购物中心使其成为城市的焦点、建设一处小学等。[5] 目标不同所涉及的成本和收益也不同。对于两个方案都能实现相同的目标，那么选择的基础就是经济有效性。例如，在道路建设上就放弃了正在下沉的柯罗迈克大街，这就避免了一些不必要的成本支出。

左丕(Zoppi)对波士顿的中央干线／第三港口隧道项目做过成本收益分析。[6] 项目成本区分为固定成本和可变成本。固定成本包括土地成本、开发成本、建设成本和景观成本，也就是舍费尔德所说的资源成本。可变成本就是项目期内的维护成本。[7] 项目收益分为区段内收益和区段间收益。区段内收益有机动车运行费用的下降、事故发生率的减少、货物和乘客旅行时间的降低，这些都是用户收益。区段间收益是指局域收益的提高。

成本收益分析法的核心，是如何选择合适的折现率，使不同年份间计算得出的成本和收益能够进行比较。折现率就是未来成本和收益折换成现值的百分率。[8] 表6.1给出的是左丕的分析结果。很明显，折现率不同，结果差异很大。折现率为5%时，净收益与固定成本之差为正值，项目在经济上是合算的。折现率为6%或高于6%时，项目在经济上就不合算了。在成本收益分析中，另一个重要方面就是无形成本和收益的评估。无形成本和收益就是那些无法进行定量确定价值的因素，如"生活质量"等。总之，成本收益分析法在项目的经济评价中是一个重要工具。但是，它难以对那些引起个人生活水平改善的无形因素进行评价。还有两种由成本收益分析法发展而来的评价技术，即平衡单法和目标成就模型法。[9]这两种方法的基本原理都与成本收益分析法一样,在此就不作详细介绍了。感兴趣的读者可以参看本节末所列出的参考文献。

表6.1　成本收益分析结果

折现率（%）	固定成本 （以1987年为基准, 百万美元）	收益与可变成本 （净收益）之差 （以1987年为基准, 百万美元）	净收益与固定成本之差 （以1987年为基准, 单位：百万美元）
5	4842	6795	1953
6	4970	4364	−606
7	5110	3938	−1172
8	5246	3388	−1858
9	5385	2594	−2791
10	5521	1651	−3870

来源：左丕,1994年

环境影响评价

在城市设计项目中,可持续性发展的中心问题是对项目进行环境影响评价和社会影响评价。经济效益评价只是项目评价的一部分。大家已经公认,"环境"应包括物质环境和社会经济环境两个方面。正如格莱逊(Glasson)等人所指出的,仅考虑环境的物质因素,就如同环境因子构成表上所列出的那些因素,太具局限性了。[10]表6.2给出的是项目评价所应考虑的各种因素。比如城市更新改造项目,一方面具有潜在的负面影响（增加空气污染）,另一方面,又能产生有利的社会经济效果（增加就业）,反之亦然。表中把物质环境和社会经济环境影响都包括了进去,就说明这两个方面的评价技术都是必须的。

在判断项目对环境所造成的潜在负面影响时,环境影响评价是一种很有用的工具。环境影响评价这个术语包括许多方面的内

表6.2　环境评价因素

物质环境（引自DoE1991年）	
空气和大气	空气质量
水源和水体	水质和水量
土壤和地质	类型变迁与风险（例,侵蚀）
动植物群落	鸟类、哺乳动物、鱼等；水生和陆生植被
社会福利	物质健康、精神健康和生活福利
景观	景观特性和景观质量
文化遗产	保护区；已建成遗产；历史和考古遗迹
气候	温度、降雨、风等
社会经济环境	
经济基础：直接环境	直接就业状况；劳动力市场特征；区域非区域性发展趋势
经济基础：间接环境	非基础性／服务性就业；劳力供求情况
人口统计方面	人口结构和发展趋势
住房	供求状况
区域服务	服务供求情况；健康教育,警察等
社会文化	生活方式／生活质量；社会问题（如犯罪）；社会压力与矛盾

容，例如政策、规划和项目等。通过环境影响评价来判断它们对环境和人类健康的影响。[11] 环境影响评价就是在规划、设计，以及与管理和施工相关的各种活动中对那些能显著影响环境条件的因子进行评估的过程。在图6.1中会看到，环境影响评价是建立在筛选、审查、辨认区别、预测和评价基础之上的决策过程。它只考虑关键环境影响因子，最后提交评价报告。

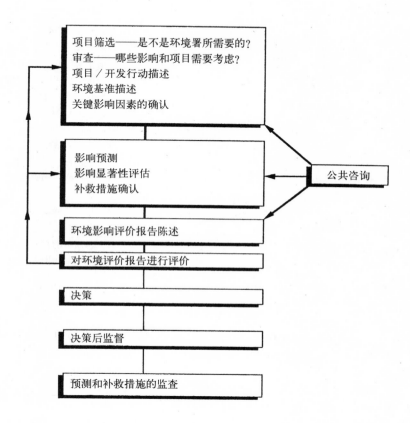

图6.1　环境署环境影响评价过程

　　对于政策、规划和政党路线等的评估，也可采用类似的评价过程，称为"战略性环境评价"。这种评价的目的，就是要保证在政策和规划判定阶段就将环境影响考虑进去。从而对某一个特定的项目在做出最终决定之前能够充分考虑到各种可能的方案。

　　环境影响评价通常涉及三个方面，即开发类型、开发规模和开发场地。欧盟委员会第337/85号法令在附录中列出了需要进行综合环境影响评价的项目类型。主要的有炼油厂项目、电站项目，还有机动车道路建设项目、高速路项目和贸易港口项目。这些都是城市设计中最常遇到的项目。附录Ⅱ中所列出的，是那些只有当地方当局有要求时，才需要进行环境影响评价的项目。附

```
1. 当地经济
    对公共财政的影响
    对商业的影响
    对就业的影响
    土地价值的改变
    对其他单位出资支持的影响
    对土地使用期限的影响
2. 当地环境
    对空气质量的影响
    对水资源的影响（表面／地面）
    噪声与振动的改变
    对绿化带和开放空间的影响
    对自然生活环境、物种与植被的影响
    土地利用与密度的改变
3. 美学与文化价值
    对城市模式的影响
    视觉影响与对建筑物的影响
    对文化遗产和指定区域的影响
    对少数群体和均等机会的影响
4. 基本设施
    对公用事业的影响
    对公共服务和设施的影响
    对应急服务的影响
    对公共运输的影响
    对健康与安全的影响
```

图 6.2　评价城市发展影响清单

录 Ⅱ 所列出的项目中包括了基础设施建设项目，与本书所谈到的
项目类型，如城市开发项目、专门运送乘客的有轨电车项目等具
有密切的联系。附录 Ⅱ 所列出的项目已经引起了许多争论，当环
境评价决策权交由地方当局去行使时，一些具有潜在危害的因素
可能会被忽视。[12] 关于环境影响评价，在《欧盟法令》（1990 年）
颁布的《城乡规划法案》第 71A 条款、1995 年苏格兰《城乡规
划法案》第 26B 条款和 1995 年《城乡规划规则》中都有体现。
《欧盟法令 97/11／EC》的颁布实施引发了《城乡规划（环境影
响评价）规则》（1999 年）的制定。[13] 该《规则》扩大了 EIA 的
项目评价范围，在评价程序上也作了一些重要变更。属于《规
则》程序一中的项目都需要 EIA 进行评价。机动车道路建设、高
速路建设、炼油厂、电站和具有一定规模的化工厂都属于此列。
列入程序二中的项目，如果某一指标达到规定的界限值，或者
项目位于"敏感"地区，或者有可能带来严重的环境问题，都需
要 EIA 做环境影响评价。程序二中列出的与城市设计相关的项

目有购物中心、小汽车停车场、电影院、娱乐中心和运动场馆。在《规则》(1999年)中，有关城市设计的另一项重要革新就是项目规模法定界线的变更。在这项《规则》中，项目规模法定界限减少为半公顷。

对于需要EIA进行环境影响评价的项目，《规则》(1999年)对环境影响的评价作了如下变更：

1）开发商需向地方规划局提交申请报告，由地方规划局对环境影响报告进行审核。

2）申请人应提供主要候选方案的相关信息，阐明选择的理由。

3）对于所有程序二中列出的项目，地方规划局都要有自己的正规评审程序，以决定是否提交EIA进行评价，在规划申请之前和之后提交均可。地方规划局的意见需在规划登记处备案。

环境影响确认　　　　环境影响评价可以按组织结构特征或影响的广度和深度进行划分。影响广度就是指影响范围的大小；深度是指对决策影响的重要性。环境影响评价主要有五大类，分别为列表法、模型法、叠加法、网络法和数量评价法。[14]每种技术都有其特定的适应范围。下面将分别对每一种技术做一简单描述，当然不能在这里进行全面详细的介绍。同时，还要介绍如何将这些技术应用到城市设计当中。

列表评价技术（表6.2）由一系列的表格组成，项目对环境可能造成的影响都列在表格中。表格中的元素可以是定性的，也可以是定量的。定性评价在表格中列出项目对环境所带来的可能影响。定量评价采用一系列的相关系数和公式来评价项目对环境的影响。[15]当然表格的类型也不仅限于以上两大类。在实际应用中有多种形式，既有描述性的，也有描述和定量评价相结合的。[16]列表法的局限性在于它的一般性。当项目不需要进行全面深度分析时，可以采用此技术。例如，房屋建设有可能引起自然水生活环境的变化，对水资源的评价就可用列表法。雷欧耐(Leone)和玛丽尼(Marini)建议使用评价指数来评价项目实施前后对生态系统的影响。[17]

模型技术则可以对项目本身和其所在的环境进行交叉分析，包括对原因和结果之间相互关系的探讨。模型的差异主要是由于模型中各变量在数量和质量上的差异而引起的。环境因子通常划分为三类，即物理化学因素、生物因素和社会因素。在机场建设和较大规模的城市更新改造项目中，模型评价技术已经得到应用。

叠加评价技术是一种制图学上采用的方法。通过对各专题图的叠加，实现对项目区环境质量和项目区特征的描述评价。麦哈哥（McHarg）所提出的评价方法可以归为此类。[18] 使用该法时，首先要绘制各种专题图，图上标明可能受项目影响的各种环境要素。阴影深浅代表影响程度高低。颜色浅，表示影响程度小；颜色深，表示影响程度大。最暗的部分表明这些地区不适合拟议中的开发建设。地理信息系统（GIS）的应用，使该法有了进一步的发展。有了地理信息系统，大量数据的处理就不成问题了。通过地理信息系统，可以在较短时间内构建出多套开发方案，比手工做快得多。该法的局限性表现在三个方面。首先，它无法进行二级影响评价。第二，不能区别可逆影响与不可逆影响。第三，它不考虑影响是否能够实际发生。尽管有上述局限性，对于新建城市房屋开发项目，该法还是使用的。比如，可以利用该法获得有关项目对土壤和自然生活环境影响的信息。

网络评价技术试图从某一单项行动开始，来进行环境影响评价。每一单项行动都会产生直接的、间接的、初级的或次级的影响，这也正是该技术所要进行描述和评价的。按照格莱逊的观点，该技术只适用于一般性的环境评价，因为它无法洞察项目对环境影响的广度和深度。[19]

数量评价技术 运用一组指数来评价项目所引起的环境的变化。它由巴特勒哥伦比亚实验室最先提出。进行评价时，分别赋予四个环境要素一个分值。这四个环境要素分别为：生态、环境污染、美学和人类自身利益。目的是通过数学函数实现对项目所引起的环境变化的评价。新评价分值高于原来的评价分值时，对环境的影响就是负面的。[20]

另一个值得注意的问题，就是哪一种评价技术是与城市设计相关的。这必须与项目本身的特性联系起来加以考虑。新上房屋开发项目、城市更新改造以及与交通运输相关的项目都可以采用不同的评价技术进行环境影响评价。选择评价技术不仅受项目特性的制约，还受项目大小的影响，比如是中型项目，还是大型项目等。最后，项目评价所给的时间也是一个不可忽视的因素。

个案研究：诺丁汉轻轨建设项目

诺丁汉快速交通是轻轨铁路运输。线路从市中心开始，直通北部的卫星城镇。[21] 项目的目标是，满足该区域日益增长的交通需求，同时又不威胁到环境与经济发展之间的平衡关系。在《城乡规划规则（1988年）环境影响评价》附录 II 中也列有类似的项目。不过，该项目还是进行了全面的环境影响评价，供议会评审。

项目于1994年得到皇家批准，但实际上自1988年就开始准备建设了。在可行性研究报告的准备阶段，详细的调查阐述了各候选方案的特征特点，包括工程上的可行性、成本、道路阻塞和潜在的环境影响等。为了寻求最佳线路，引进了公众参与过程。环境影响评价采用的是列表法。在项目建设阶段和建成后的运行阶段，涉及的环境影响评价要素有，交通运输、噪声和震动、废土和其他废弃物、空气质量、视觉景观效果、社区、水质和生态系统。一些对环境有重大影响的因素在项目建设阶段就采取了补救措施，保证了项目的顺利进行。比如公共空间的占地对风景景点的视觉影响、施工和车辆运行给居住区居民带来的噪声和震动等，都是特别值得关注的问题。通过工程措施、布局的调整、规格尺度的修改和一系列的强有力的控制和补救措施使这些问题都得到了圆满的解决，有害影响减少到了最低程度。总的来说，项目正面的有益效应远远超出了其负面影响。环境影响评价并没有考虑到二级影响问题，因为这超出了环境影响评价的范围。诺丁汉快速交通项目在从项目的筛选到项目批准的整个过程当中，几乎每一步都进行了环境影响评价。然而，再进行一次事后评价也是很有用的。通过事后评价，可以看一看在环境影响评价过程中做出的有关预测，以及在防止不可逆环境破坏方面是否正确，是否达到了目标。

经济影响预测

经济影响评价可以采用数量模型。[22] 例如，以收益增殖率理论为基础的许多技术就可预测投资对经济的影响。常用的有三种类型，即基础经济分析法、区域收益增值率分析法和投入产出分析法。与这三种分析方法相关的区域收益增值理论分别为基础经济理论、区域贸易收益增值率理论和投入产出模型。在一个经济体中，这三种理论都可以用来评价由于外来变化，如外来投资所引起的收入和就业的变化情况。例如，城市更新改造项目就会产生直接的、间接的和诱发性的经济影响。

基础经济理论将经济活动分为基础性经济活动和非基础性经济活动。第一种类型是面向出口的经济活动，并被认为是创造和维持经济繁荣的主要因素。第二种类型面向当地市场，主要是为当地居民服务。基础经济理论认为，基础性经济活动的投资可以对非基础性经济活动在收入和就业方面产生正面影响，使当地经济受益。该理论的主要局限性在于它忽视了进口的重要作用。在基础性经济活动中的投资所产生的有利影响，会由于进口开支而受到限制。这是该理论所没有考虑到的。其他方面的局限性还包括，基础性和非基础性经济活动区分困难，研究区域的选取也不容易。

区域贸易收益增值率理论认为，一定数量的投资会增加经济收入，进而引起消费的增长。反过来，消费的增长又会转换成其他人的收入，这些收入最终又要被花费出去。这种链式效应要发生多次，直到最初的投资影响消失。在这一领域中，投资影响的终结主要考虑了三个方面，储蓄、税收和进口。例如，建筑上的一笔投资，会被分散到其他经济行业上去，如制造业和工业，农业行业又会从这些行业购买产品和服务。

投入产出模型是通过跟踪在其他经济领域的收入和就业情况来判断投资在某一领域的影响。该法可以用作一种描述性工具。它把一项经济活动分解成许多个组成部分，获得各组成成分之间的交易信息。该法的主要问题在于数据收集的局限性和常相关系数的假设。

投入产出分析虽然只是一种描述性的工具，但是对于那些低投入高产出的行业来说，可以用它来进行详细深入的分析。基础经济分析法和区域收益增值率分析是高度综合的分析方法，并不考虑某一专门的经济行业以及各行业之间的相互关系。考虑到这一点，在下面的讨论中将对投入产出分析法做较详细的讨论。

通过投入产出分析，在项目评估阶段就可看出项目所带来的经济效益在各个领域的分配情况。最早用投入产出法做项目分析的是瓦西里·雷昂蒂夫(Wassily Leontief)。该技术的主要目的是分析一个经济体内各组成部分之间在结构上的相互关系。按照理查森(Richardson)的观点，投入产出表主要有两方面的功能。[23]一是描述投入与产出之间、经济体内各行业和各组成部分之间的相互关系，二是提供一种分析工具，用来分析终端需求的变化对一个经济体的产出和收入的影响。

常规投入产出交易表分为四个象限（图6.3）。第一象限记载经济体内各部门之间的内部交易情况；第二象限显示各部门对最终用户的销售情况，指明各行业产品的去向（如消费、出口等）；第三象限是投入成本；最后一个象限代表最终用户对起始投资的利用情况。

第一象限，也就是左上角象限，显示出各加工部门之间的相互关系。收购部门在表的上端，销售行业列在表的左下端。横行与各项的表头相配合，指明各行业产品的去向。第一象限中包括了经济体内的所有行业。"经济体内"是指在一个经济体内所形成的内部结构。第二象限，也就是右上角象限，列出的是每一部门对最终用户的销售情况。这些部门具有高度的自主性。因最终用户需求变化所产生的影响被分散到表的剩余部分。该表至少要有四栏，分别显示出口、政府采购、私有资金信息和资金持有量。[24]出口信息栏显示各部门在评价期内的出口情况；采购信息栏显示政府从每个销售部门的采购情况；私有资金信息显示买主的购买量，并将其用作私有投资的情况；最后是资金持有量，它显示的是私人消费购买情况。

到\从	采购部门			当地的最终需求			出口	总产量
	i ...... j ...... n			家庭	私人投资	政府		
i	x_{1i} ...... x_{1j} ...... x_{1n}			C_1	I_1	G_1	E_1	X_1
i	x_{i1} ...... x_{ij} ...... x_{in}			C_i	I_i	G_i	E_i	X_i
n	x_{n1} ...... x_{nj} ...... x_{nn}			C_n	i_n	G_n	E_n	X_n
劳动其他附加价值	l_1 ...... l_j ...... l_n			L_C	L_I	L_G	L_E	L
	v_1 ...... v_j ...... v_n			v_C	v_I	v_G	v_E	V
进口	M_1 ...... M_j ...... M_n			M_C	M_I	M_G	-	M
总费用	X_1 ...... X_j ...... X_n			C	I	G	E	X

图6.3　简化投入产出交易表

第三象限，也就是左下角象限，显示的是收购部门的成本投入。该象限通常由五行组成，分别为毛库存消耗、进口、政策性支出、折旧补贴和资金持有量。毛库存消耗显示的是表的上端所列出的各部门对最终产品或原材料的使用情况；类似地，进口一栏显示的就是各部门的进口购买量；折旧补贴一行给出在产品生产过程中，厂房、机器设备等的折旧成本；最后，资金持有量一栏，可以解释为各部门的增值部分，如工资、利息等，换句话说，就是各部门的劳务支出。

第四象限，也就是右下角的象限，反映了初期投入情况。利用该象限使经济体与外部经济结构建立起了联系。之所以称为外部结构，是因为他们的经济活动不受经济体（当地经济）的制约。第四象限通常用作平衡要素，使总投入与从产出之间建立一种平衡关系。

在区域经济分析中，投入产出分析法是一种很有用的工具。在城市水平上，也可以用它来计算投资所带来的收入和就业效益。意大利南部卡拉布里亚（Calabria）地中海综合开发项目，其经济效益评价就是用的投入产出分析法。[25] 该项目于 1988 年 1 月 1 日开始实施，1992 年 12 月 31 日结束，历时五年。欧盟投资占总投资 40.37%，意大利政府投资占总投资的 59.63%。总项目下设五个子项目，分别为农业子项、工业子项、旅游子项、渔业子项和政策路线子项。分析的主要目的是要看看项目的实施对项目区内的经济影响程度。分析表明，内陆地区与相对富裕的地区相比，无论是直接收入、间接收入，还是诱导收入都要低得多。大部分城市更新改造项目都位于较富裕的地区。这主要是因为，项目的投资投向了原先收益增殖率相对较低的领域，从而使投资在局部范围内获得了较高的经济效益。

投入产出分析法的主要局限性在于，构建投入产出表需要进行大量的调查研究，成本较高。如不进行大量的调查研究就构建分析表格，往往会过高地估计收益增殖率。

不管怎样，贝蒂（Batey）等人还是用投入产出分析法对一个机场建设项目进行了社会经济影响评价。[26] 投入产出分析法需要较高的投入，所以更适合于大型项目的经济影响评价。

结　论

城市设计项目和设计方案的评估，不论是成本收益分析还是完整的环境影响评价，都需要进行大量的调查研究工作。值得注意的是要选择合适的评估方法和评价技术。评价的结果往往需要项目在经济效益、环境和社会影响三个方面进行某种调和。评价过程中，一个重要的方面就是要尽可能地让公众参与。项目区公众是最直接的利害人，在评价过程中应尽可能早地参与评价过程，使他们能够有机会在各种候选方案之中找到某种妥协。

参考资料：

1　Davidson, A.W. (1978) *Parry's Valuation Tables*, Tenth Edition, The Estates Gazette Ltd.

2　United Nations (1978) *Systematic Monitoring and Evaluation of Integrated Development Programmes: A Source Book*, New York: Department of Economic and Social Affairs.

3　Schofield, J. (1987) *Cost-benefit Analysis in Urban and Regional Planning*, London: Allen & Unwin.

4　Moughtin, J.C. (1992) *Urban Design: Street and Square*, Oxford: Butterworth-Heinemann.

5　*Ibid.*

6　Zoppi, C. (1994) *The Central Artery*: Third Harbour Tunnel Project, in Schachter, G., Busea, A., Hellman, D. and Ziparo, A. (Eds) *Boston in the 1990's*, Rome: Gangemi.

7　Schofield, J. (1987) *op. cit.*

8　Bateman, I. (1991) Social discounting, monetary evaluation and practical sustainability, *Town and Country Planning*, June, pp. 174-176.

9　Lichfield, N. (1975) *Evaluation in the Planning Process*, Oxford: Pergamon.

10　Department of the Environment (1989) *Environmental Assessment. A Guide to the Procedures*, London: HMSO; and Glasson, J., Therival, R. and Chadwick, A. (1994) *Introduction to Environmental Impact Assessment*, London: UCL Press.

11　Munn, R.E. (1979) *Environmental Impact Assessment*, Chichester: Wiley.

12　World Wide Fund for Nature (1989) *Reform of the Structural Funds. An Environmental Briefing*, Godalming: WWF-International.

13　Commission of the European Communities Council Directives 97/11/EC of 3 March 1997.

14　Ziparo, A. (1988) *Pianificazione Ambientale e Trasformazioni Urbanistiche*, Rome: Gangemi; Thompson, M.A. (1990) Determining impact significance in EIA: a review of 24 methodologies, *Journal of Environmental Management*, Vol. 30, No. 3, pp. 235-250; Glasson, J.R. *et al.* (1994) *op. cit.*

15　Bruschi, S. (1984) *Valutazione dell'Impatto Ambientale*, Rome: Edizioni delle Autonomie.

16　Glasson, J.R. *et al.* (1994) *op. cit.*, and Ziparo, A. (1988) *op. cit.*

17　Leone, A. and Marini, R. (1993) Assessment and mitigation of the effects of land use in a lake basin, *Journal of Environmental Management*, Vol. 39, pp. 39-50.

18　McHarg, I.L. (1969) *Design with Nature*, New York: The Natural History Press.

19　Glasson, J.R. *et al.* (1994) *op. cit.*

20　*Ibid.*

21　Nottinghamshire County Council (1991) *Greater Nottingham Light Rapid transit Environmental Statement*, Nottingham: Nottinghamshire County Council.

22　Glasson, J.R., *et al.* (1994) *op. cit.*

23　Richardson, H.W. (1972) *Input-Output and Regional Economics*, London: Redwood Press Ltd.

24　Miernyk, W.H. (1965) *The Elements of Input-Output Analysis*, New York: Random House.

25　Signoretta, P.E. (1996) *Sustainable Development in Marginal Regions of the European Union. An Evaluation of the Integrated Mediterranean Programme Calabria, Italy*, Unpublished Ph.D. Thesis, University of Nottingham.

26　Batey, P.W., Madden, M. and Scholefield, G. (1993) Socio-economic impact assessment of large-scale projects using input-output analysis: a case study of an airport, *Regional Studies*, Vol. 27, No. 3, pp. 179-191.

第七章 方案汇报

思想的交流是城市设计的中心内容。好的设计思想必须清楚地表达出来，得到关键人物的支持才能得以付诸实施。否则，它就一直处于孕育之中。城市设计方案汇报常常需要一系列的报告和文献，其形式与项目规划设计时的报告和文献大体相同。城市设计报告包括的内容主要有调查报告、分析报告、带有成本分析的全面评估报告。除书面文字材料外，还需要有图纸、绘画、照片和模型等实物材料作支撑。设计方案或许需要在多种场合进行汇报和接受公共咨询。

报告的写作风格极为重要。书面报告为设计人员提供了向客户和公众推销设计思想的机会。为达到此目的，文字表述简单明了最为有效。任何报告的目的都是为了"尽可能准确地将某种思想从一个人的大脑传递给另一个人"。[1]恩斯特·高尔（Ernest Gower）先生的《完全平淡的文字》一书仍然是最好的写作指导材料。其他参考材料，如《福勒现代英语用法》、《罗哥特同义词词典》，以及《简明牛津英语词典》都是必不可少的写作参考材料。[2]写设计报告就是要把设计思想用最有效、最经济的方式传达给别人。对专业设计师来说，写作本身就是一种有力的工具，好的写作可以使读者迅速掌握和准确地理解报告内容。

在设计报告中常常会见到一些影响正确理解设计思想的东西。有的将各个要点堆集起来，就像一个购物清单；有的报告文字衔接突兀；有时从一个令人厌烦的列表直接转入方案叙述，即使最渴望了解报告内容的读者也会昏昏入睡。我们可以将各个要点性的东西放在一个方框里，在文字表述中只提一下其主要内容。采用这种形式，要点列表就不会干扰叙述进程。粗体字、星号（常称为着重号）以及下划线要尽量少用。要强调的内容可以通过文字内容表述出来。啰嗦唠叨是设计报告写作常见的毛病。写作的艺术就是用最简洁的文字将思想清楚地表达出来。使用文字的基本规则就是，能用一个单词就不用多个，能用短句就不用长句，避免使用行话和口语，行话和口语只能使思想表述更加模糊不清。罗伯特·路易斯·史蒂文森（Robert Louis Stevenson）说得好："难点不在于写作本身，而在于如何把要表达的意思写出来；不仅仅是要影响读者，而是如何按照你的意愿去准确地影响读者"。[3]

语言总是处于不断变化之中，要想使这种变化过程停止下来是不可能的。随着语言的发展变化，新词不断出现，逐渐被接受为标准语言，而有些词汇则逐渐消亡和消失。与法国不同，在英国，没有一个由聪明人组成的委员会负责新词的审批和过时词汇的剔除，完全由公众来决定。词汇是民主宪法的一个组成部分，能被公众接受的就被认为是正确的。对于一种不断发生变化的语言来说，准确地选择词汇来清楚地表达自己的思想是一种艺术形式；即使是在高莩著名的著作《完全平淡的语言》一书中也是如此，正如他自己所承认的，有些词汇也必须小心对待。不过，这本书给出了一些很好的写作原则，对于专业报告写作来说值得一读。书中有这样一段："英语的使用是官方的责任。既不要使过时的词汇永久保存，也不必刻意推崇新词。就像忠实的仆人那样，只遵循主人所能接受的观念。读者当中有许多是维吉尔式的英语诗歌鉴赏家，这些人不可冒犯。因此，官方词汇只能包括那些被公众认可了的词汇，而不必试图帮助某个词汇使其成为官方词汇"。[4]城市设计报告所使用的语言一般趋向于保守，更接近于市民服务指南所使用的语言，而不像小说和某些教科书中所使用的语言。在有些教科书中，语言的使用更具创新性。报告是由句子组成的，不能有过多的注解以及带省略号、破折号或星号的不完整的句子和段落，好的段落是长句和短句的有机结合，应尽可能地采用短句。短句易于理解，不容易产生混淆，可以更准确地表达作者的意思。《牛津简明英语词典》对句子的定义是："在相互关联的语言和写作中，一系列的单词按照一定的语法结构组织起来表达某种思想……文章或言辞中的一段，以句号结尾"。[5]一个句子只能表达一个主题，才能使表达清楚明白。使用短句最能达到这种效果，长句常会造成啰嗦散漫。

报告必须分段组织，否则难以阅读。段落构成一个基本思想单元，它由许多句子组成，阐明某种思想，一般由开头、中间和结尾三部分组成。段落的第一句引出该段的主题，最后一句进一步点明主题。有一点需要牢记，就是分段的目的是为了使文章易读、易于准确理解。一句话很少单独组成一个段落，只有当有必要进行特殊强调时才可以使用，一般来说，应避免单句段落，更不要一连串的使用单句段落。还有一种极端情况，就是段落过长，难以抓住其中心思想。

报告可以分节安排，类似于一般书中的章节。每一节都构成报告的一个重要组成部分。设计过程中的某些项目，如调查研究、分析评价等，都可以单独构成一节。像段落一样，分节也有开头、中间和结尾。往往第一段阐明这一节所要讨论的问题；中间部分由许多段落组成，每一段都阐述本节的某一个主题；结尾段对该节的内容进行总结，并引出下一节。分节组织的目的就是为了使报告清晰易读。开始写作前，一般先要列出该节所要讨论的主题，在逻辑上一个紧扣一个。假如作者不能说清楚一个段落的意思，那么读者就不可能读懂。段落所阐述的意思不清楚，或者段落之间不能很好地衔接，整篇报告就难以连贯一致，读者也就难以准确地理解报告的内容。

城市设计项目报告结构形式多种多样，因项目类型而不同。但一般来说，都要包括三个主题信息。第一是测绘或调查描述；第二个是对调查材料的分析报告；最后一个是各种思想的合成，从而形成解决方案。城市设计是一个不断重复的过程，设计师不会沿着测绘、分析和合成三个步骤线性地走下去。问题的特性开始的时候并不一定看得很清楚，总是受设计师所处的环境及所占有资料的影响。在不断重复调查分析过程中，问题的定义和解决方案逐渐明了。在报告中，对这种循环式的设计过程进行详细的描述，会使报告显得杂乱无章。为简单明了起见，报告还是按线性过程进行组织。所有回复跳跃等过程都予以简化。报告的开头部分通常是一个简短的摘要，有时又称为行政小结。大部分人都会看这一部分，写作时应特别小心。行政小结是特别为那些繁忙的政治家而准备的。他们没有足够的时间阅读报告全文，但又想知道报告中的关键信息。有些人可能也会看行政小结，然后转向他所感兴趣的、认为是最重要的章节详细阅读。据说，温斯顿·丘吉尔先生曾说过，任何思想，如果不能只用一页纸表述出来，就不值得去考虑。这只是一种极端情况。不管怎么说，报告的中心思想应该在行政小结中体现出来。行政小结必须简短明了，最好只有一个段落。但有时它可以有好几页的篇幅，这取决于报告的长度。可以对每一节都进行总结，最后以成本分析，施工阶段安排和其他施工信息结尾。

报告的形式可以多种多样，图7.1给出的是一种常见的结构形式。在报告中先对报告的结构形式和每个章节的内容作一简要介绍也是必要的，相关的图表清单、提要、信息来源和附录等都应包括在报告之中。

```
• 行政小结
• 客户简介            包括目的、目标和政策路线
• 调查              包括场地调查和项目前期研究
• 分析              调查资料和其他相关资料的分析
• 问题陈述            包括候选方案的提出
• 方案评价
• 规划制定
• 规划实施            包括成本、规划方案的提交、监督安排
```

图7.1　城市设计报告：内容提要

个案研究：莱斯特议会报告

　　许多机构在报告写作方面都有专门的样式和结构。例如，列斯特议会就有《报告写作指导》和《大众英语指南》两本小册子。第二本小册子由首席执行官办公室政策部门编写，书中对如何清楚明白地表达自己的思想，以及避免使用行话和官样语言提出了许多很好的建议。[6]第一本小册子则给出了许多实实在在的信息，比如报告的内容、某些特定委员会对报告的特殊要求等。对于在公共部门工作、从事城市设计的人来说，这些都是很有用的指导性材料。

　　图7.2是向地方行政委员会提交的一份典型报告的内容提要。莱斯特议会给出的建议是尽量使报告简短："议会议员很忙，除了日常的工作外，他们还必须履行议员的责任。时间非常宝贵。对于简短、清楚、准确的报告，深表感激"。作者又进一步写道："只要合适，就要尽可能地采用图表形式，它比文字解释更易于理解"。莱斯特议会报告一般不超过10页。长于10页的报告，汇报时都要压缩，把完整的报告作为附录附上。

```
1.  小结
2.  简介（第1节和第2节可以合并）
3.  机会均等问题
4.  政策问题
5.  咨询评价
6.  背景材料
7.  报告
8.  人事和管理服务部主任评语
9.  计算机服务部主任评语
10. 循环情况
11. 环境问题
12. 向政策资源次级委员会提交的理由*
13. 市财务主管意见*
14. 报告加密处理的理由**
*  只有有资金需求的报告才提交
** 按照1985年地方政府法案，只有要求进行私密审阅的报告才提交此项
```

图7.2　报告提要

莱斯特议会报告的开头就是小结和简介，这是了解报告内容的关键部分。其他比较重要的部分是：政策问题，来自其他官员的支持以及报告所涉及的特殊领域，这在莱斯特议会主要是指机会平等、循环和环境。最后是提案财政方面的内容。报告必须叙述清楚，并附有预算负责部门的意见。莱斯特议会有关报告或提案写作的要求，目的就是为了能够获得高效率、高质量的报告或提案。这种报告仅在有必要看的人中间传阅，如官员、议员和经过挑选的公众，思想的交流更为有效。对未来的报告起草人，最重要的忠告就是"报告令自己满意，并且再也不可能有更好的报告了"。

视觉报告

项目报告常常都有视觉材料作依托和支撑。在城市设计项目中，视觉材料与书面文字报告具有同等重要性，有时还比文字材料更重要。古语说得好，一张图纸能顶数千文字。用视觉材料来表达城市设计项目有多种形式，最常用的方法就是图纸表达法。作为城镇景观和城镇发展的一种表达方式，图纸表达法已经有很长的历史了。在现代城市设计中，它仍是一种主要的思想表达形式。卡纳莱托（Canaletto）在描述威尼斯街景时，就曾创造了一套完美的绘画方法。他的图纸和绘画在现代城市设计中仍然是一个光辉的范例(请参照Potterton, Pageant and Panorama, The Elegant World of Canaletto[7])。除图纸外，模型、照片、彩色幻灯、影像和录音带等都是可利用的视觉材料。究竟采用哪一种视觉材料，要依据听众的兴趣、项目的类型和报告的场所而定。

城市设计中的图纸可以分为四种类型，即用于记录信息资料的图纸、分析用图纸、报告用图纸和表现某一特定方面内容的图纸。图纸式样和绘制技术部分地取决于图纸的功能，有时取决于读图的方式，例如，观察者离图纸的远近和图纸的摆放位置等。

在城市街道和建筑信息获取方面，最快、最有效的方法莫过于照片了。手绘草图可以使作者表达出他所要强调的东西，对某些特定内容的表达很重要。手绘草图方法有许多种，运用多种手绘技术，通过对材料进行选择和编辑，有助于作者正确地表达设计思想。图7.3～7.5是景观场景记载图，[8]细致精巧。与图7.6相对比，就会发现绘图人员对记载内容作了精心的挑选，突出显示了他所要强调的部分，[9]做了许多编辑工作。图3.36和图3.37是卡伦（Cullen）所绘制的两张图，图中做了大量的编辑工作，生动地体现了城市空间的移动情况。丘仁认为，可以将观察对象看作是一组一组的舞台布景，随着观察者位置的变化而变化。可以用一系列图纸或剧院的形式将它们记录下来。[10]图7.7是由威

图7.3 风景画

图7.4 风景画

图7.5 瓦斯特沃特山脚

图 7.6 西恩那（弗朗西斯·梯巴兹绘）

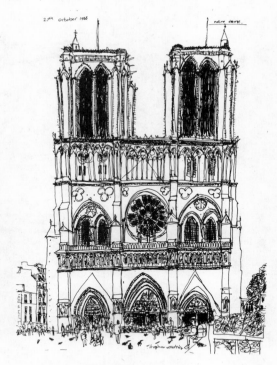

图 7.7 威尔特西尔绘画

尔特西尔（Wiltshire）所绘制的一幅精美图画。大自然提供了丰富的素材供作者进行编辑，使他能够捕捉到他所要表现的场地基本特征。[11]

　　设计报告用图纸主要有三种类型，即公共展示或舞台展示用图纸、可以复制供报告使用的图纸和可用于幻灯投影的图纸。有时，同一套图纸可以同时有上述三种用途，但应尽量避免。这样做虽然可以减少复制工作量，但是效果会变差。比如一张图纸，绘制时的设计观看距离为2m，作为报告用图纸时，观看距离不到半米，复制还原的效果就不会好。三种不同形式的报告需要不同形式的图纸。展示用图纸规格大，比例尺也大。线条加粗、色调加重、字体加大，有时还会限制某些色彩的使用。目的是为了在大场景中吸引观众的注意力，设计观赏距离为1～2m。报告用图纸规格小，比例尺也小。通常为黑白图纸，便于复制，可以像图书那样阅读，设计阅读距离为12ft或30cm（见图4.9，梯巴兹等，1991年）。[12] 上述两类图纸通常都不适宜用作幻灯展示。在正常座位距离下，图纸上的某些信息会丢失，使观察迷惑不清，妨碍交流。用于展示的大比例尺图纸如果图线足够粗，可以转换成幻灯用图纸，但它所包含的文字内容要尽可能地少。最好是报告方式确定下来后再定图纸类型。当报告的形式既包括公众展示，也包括小型报告，并且还需要由幻灯片辅助的对话时，则三种类型的图纸都需要。

通常一套设计图纸所包括的内容主要有几点。位置图展示设计地段的位置及其与邻近地段的相互关系。场地现状图展示场地入口，内部交通和行人流动情况、主要建筑物和主要景观。分区情况表明场地内建筑占地、垂直立面特征和土地利用情况等。地形地势情况表明各建筑小区之间的关系，以及建筑物与植被、建筑物与周围环境之间的关系。此外，还可用轴测图、空间透视图、地面透视图等三维图画展示主要设计内容（图7.8～7.11）。设计图纸还可辅以按比例制作的模型，对于与外行人交流特别有用（图7.12～7.15）。现代城市三维模型设计是计算机绘图（图7.16～7.17）。观察者坐在计算机前，可以设计一条游览路线，然后沿着这条路线参观游览。借助此种技术，观察者可以沿着城市空间进行观察，查看建筑物形状、了解各建筑物之间的相互关系、评判城市的环境质量。计算机模拟技术在城市设计中的地位越来越重要，就像飞行员培训离不开模拟飞行器一样。巴斯市的计算机三维模型包括了以下内容：乔治亚全城、商业商务中心、

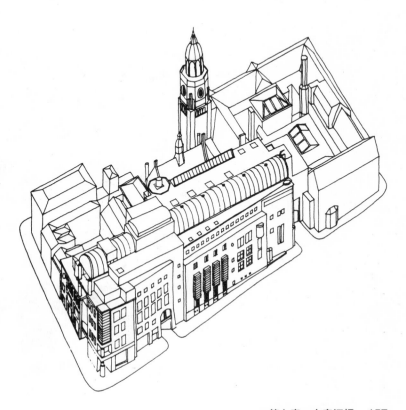

图7.8　轴测图（弗朗西斯·梯巴兹绘）

一个大型居住区和一个周边乡村环境分割三维模型。整个模型由150个小模型组成,每个模型的大小约为一个小城区。在开发规划阶段,模型的作用极为明显。开发方案所带来的影响会看得一清二楚,比如对周围建筑物的影响、对公共空间以及乡村景观的影响等都可以通过模型体现出来(图7.18)。在巴斯市的建设中,这些都是很重要的因素。

城市计算机模型提供了一种新型的设计工具。用计算机模型可以分析当前城市发展现状、评价项目所带来的影响,以及预测将来的发展趋势。对于城市的增长和变化,计算机模型也具有潜在的应用价值。将来利用计算机模型可以判断哪些增长和变化是可以容许的,哪些是不能容许的。[13]

图纸绘制、报告撰写和模型制作是专业建筑师、规划师和城市设计师的任务。在这一阶段,公共扮演的角色就是接受信息、听取报告、理解方案的设计意图。视力有缺陷的人就在方案的理解上遇到了困难。据估计,全英国视力有缺陷的人约25万人,视力丧失不能用普通正常的眼镜帮助恢复。一些高级决策者也可归为此类,由于年龄的缘故,视力下降严重。对这部分人来说,不能阅读文字报告和观看各种展示,如果文字报告提供的信息不清楚或不一致,就会引起误解和混乱。

图7.9 轴测图(弗朗西斯·梯巴兹绘)

进行展示时，字母的大小与距离有关。研究表明，字母的高度与观察距离成线性关系。一般来说，观看距离为1m时，字母高度不能小于10mm。使用投影仪时，字母高度不能低于22mm，也就是不能小于18点。关于辩识问题，经过大量研究发现，有些形式特别适合于报告使用。大小写字母的组合比单用大写或小写字母更易于识别和辨认。人们识别单词通常是根据形状来识别的。如Nottingham，比NOTTINGHAM更容易辩认。像Helvetica，Arial，Universe，以及Times 等书写形式要比全大写或全小写容易识别。辩识率高低还受文字间距的影响，应尽可能地避免将单词或文字拆开展示。

　　据估计，大约9.3%的人为色盲患者（分不清红和绿），有8%的人能明显地受到颜色混合的影响。对这些人，提高对比度比用色彩表现更容易获得较高辩识率。黑色字母黄色背景在高对比度情况下，比低对比度的红绿组合辩识距离要高三倍。有些视力有偏差的人发现，在黑色背景上，白色和灰白色辩识率高。

图7.10　托迪市巴甫路广场（Poplo）。
J·H·阿伦森绘

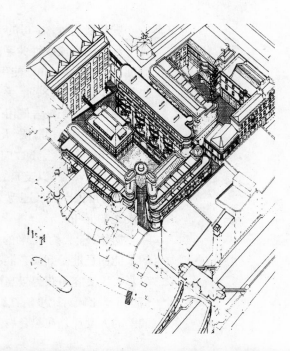

图7.11 霍斯利广场。朱利安·威克汉姆（Julyan Wickham）设计

图 7.12 学生制作的模型：诺丁汉大学建筑学院。
摄影：格林·霍尔斯

图 7.13 学生制作的模型：诺丁汉大学建筑学院。
摄影：格林·霍尔斯

图7.14 学生制作的模型:诺
丁汉大学建筑学院。
摄影:格林·霍尔斯

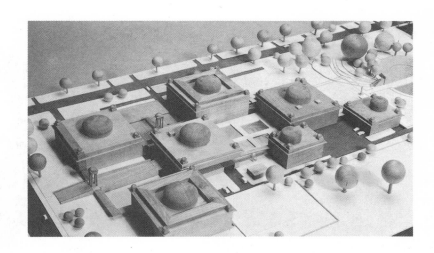

图 7.15 英迪拉·甘地文化
中心竞赛模型,印度新德里。
设计:芒福汀。模型制作:约
翰·斯通 (John Stone)

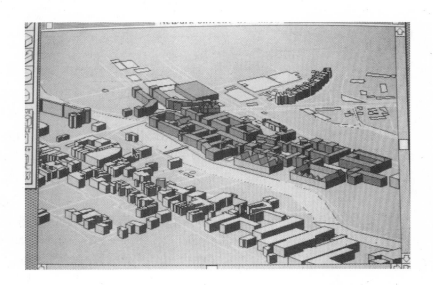

图 7.16 诺丁汉郡纽瓦克市
计算机模型。诺丁汉大学规划
学院学生项目。制作:彼得·
怀特豪斯

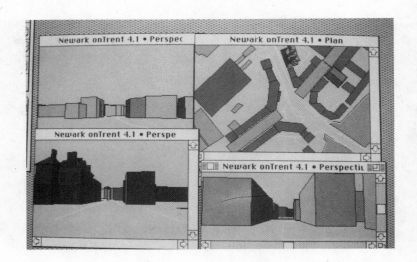

图7.17 诺丁汉郡纽瓦克市计算机模型。诺丁汉大学规划学院学生项目。制作：彼得·怀特豪斯

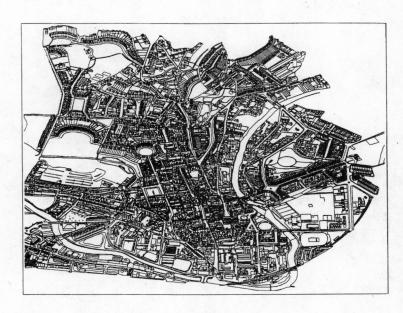

图7.18 巴斯市计算机模型

如果公众从一开始就参与了项目的规划设计，那么这些公众对所提交的设计方案就具有赞同性，从而使方案具有合法性和政治上的认同性。公众的完全同意是不可能的，比如利益受到侵害的个人或团体就不会同意。在项目汇报阶段，这些人可能会去游说政治代表，希望能拒绝方案或者至少对方案按照他们所希望的那样进行修改。这种团体的规模视项目的规模和类型而定，方案评审、听证或咨询时会正式予以反对。这种团体有可能会雇请专业人士进行辩护，因此，设计方案要考虑到各种可能的反对意见。辩护说明不力，会导致项目的搁浅或不能获得满意的妥协方案。

假设公众咨询取得了成功，还需要进一步绘制相关的图纸，就土地利用等问题向法律顾问人员提交，指导合同方正确施工。专业施工图纸可以交由建筑师、风景园林师、工程师或大地测绘人员绘制，而不必由城市设计师绘制。城市设计师虽然不必直接绘制各种施工图，如建筑施工图、道路施工图和定植施工图，但是他（她）要知道这些施工图什么时候需要，应采用什么样的形式才能便于识读和理解。这类施工图必须与总体方案密切关联，只有这样才能发现哪些地方存在冲突。

大多数设计师都会时不时地接受应召报告，有时是一般公众，有时是同行，有的时候也可能是客户。应召报告是推销设计理念、寻求支持的好机会。在这种报告中有时也可阐述来自公众的信息，以寻求新的设计思想。报告内容和组织形式必须目的性强，针对参与报告会的听众。公众会议就像第五章中纽华克项目所介绍的那样，与大型正式聚会和同事间、熟人之间的小型聚会完全不同，报告的方式也应不同。但所有报告共同的地方就是要进行充分的准备，对报告的主题有透彻的理解，对于项目充满热情。如果说报告人对项目不赞同，就更不用说他的听众了。有关方案报告的一些提示列于图 7.19 中。[14]

图 7.19　项目报告的组织安排

> 1. 考察听众，了解其需求
> 2. 根据第一条来安排组织材料，并考虑到材料的复杂性
> 3. 采用合适有效的视觉辅助
> 4. 准备好支撑材料，如图纸、照片等
> 5. 概括介绍展开主题，要点总结结束报告
> 6. 对于项目充满热情
> 7. 报告自然得体
> 8. 眼睛面向听众
> 9. 准备好要提问的问题，可穿插于报告中间或一个小结结束以后
> 10. 参与到听众讨论当中

结　论

城市设计项目报告有多种形式，这取决于材料的特性和报告对象。向公众作报告时，不管是书面材料还是视觉材料，都要力求简单直接。英国是一个文化多元性的社会，有多种少数民族语言。位于少数语言区的项目，应同时用当地的少数民族语言作报告。大多数地方区划都会遇到这类问题，这是专业开发商和私有开发商都必须遵循的。施工图绘制要精确，土地面积、材料用量以及每个项目要素的精确位置都要准确计算出来。绘制施工图需要较高的专业技巧，同一个人或者同一个设计小组的人员很难同时具备这种技能。很明显，施工图必须体现出项目的精神和设计意图。因此，从事城市设计的人员必须熟悉各种地图和施工图。

参考资料：

1 Gowers, Sir Ernest (1962) *The Complete Plain Words*, Harmondsworth: Penguin.

2 Fowler, H.W. (1981) *A Dictionary of Modern English Usage*, 2nd Edn, Revised by Sir Ernest Gowers, London: Book Club Associates; Roget, M. (1962) *Roget's Thesaurus*, Abridged R.A. Dutch, Harmondsworth: Penguin.

3 Gowers (1962) *op. cit*.

4 *Ibid*.

5 Little, W., *et al.* (1952) *Shorter Oxford English Dictionary*, Revised Edn, C.T. Onions, Oxford: The Clarendon Press.

6 Leicester City Council (undated) *Report Writer's Guide* and *Guide to Plain English*, Leicester: Leicester City Council.

7 Potterton, H. (1978) *Pageant and Panorama, The Elegant World of Canaletto*, London: Book Club Associates.

8 Wainwright, A. (undated) *A Lakeland Sketchbook*, Kendal: Westmorland Gazette, and Hutchings, G E. (1960) *Landscape Drawing*, London: Methuen.

9 Tibbalds, F. (1962) *Making People-Friendly Towns*, Harlow: Longman.

10 Cullen, G. (1961) *Townscape*, London: Architectural Press.

11 Wiltshire, S. (1989) *Cities*, London: Dent and Sons.

12 Tibbalds, Colbourne, Karski, Williams in association with Touchstone (1991) *National Heritage Area Study: Nottingham Lace Market*, Nottingham: Nottingham City Council.

13 Day, A. (1994) New tools for urban design, *The Urban Design Quarterly*, No. 51, July.

14 Cole, G.A. (1996) *Management: Theory and Practice*, London: D P Publications.

第八章　项目管理

前　言

　　本章又回到设计过程管理这个主题上来,以保证项目设计的成功。所采用的材料主要来自企业方面,与所谈论的主题似乎有点偏差。但是,有些材料适合于建成环境,并在建成环境中得到了应用。本章主要介绍项目管理的基本概念,当然也包括把这些概念转换成实际操作的技术和方法,同时,还对目前可以使用的一种软件进行介绍和评价。这里所介绍的项目管理方法与传统的方法有明显的不同,这是本章最突出的地方。本章所介绍的项目管理技术不仅考虑到内部因素,还考察那些对项目的开发、管理和实施有重要影响的外部因素。

项目管理的产生

　　项目管理在人类的早期活动中就已经开始了。古代的伟大工程项目如金字塔的建造、古城的建造、中国长城的规划以及其他古老的世界奇迹,都需要精心规划和施工。作为一种强制手段,那时的项目管理就是把人们组织起来,强制他们为一个既定的目标去工作。那些古代项目涉及的人数相当大,劳动者与管理者的比率相当高。古代那些宏大的工程都由整个社会来建造。如玛牙典礼中心及其庄严的庙宇,由玛牙地区的全体居民来建造,来自尘世但神圣的当局负责监工。时间常常延续好几代人,但都朝着一个共同的目标前进。

　　古城的建造需要进行合理的管理,以使各个组成部分合理布局、各司其职。然而,印加马丘比丘(图 8.1)巨墙是如何如此精确地建造起来的?吴哥古城巨大的印度庙靠水路那么近,古人又是怎么建造的呢?这些庞大的工程在劳力使用、材料和工作分配以及组织监督方面都需要有详细的规章规则。很明显,这些项目的实施都考虑到了时间、成本和质量问题,为现代项目管理打下了基础。

　　历史上项目管理有许多成功的实例。中世纪的天主教堂代表它在宗教信仰中的主导地位、18 世纪的建筑代表古典主义的完

图 8.1　马丘比丘

美、19世纪末城市规划的巨大成就代表着工程技术水平的迅速增长。20世纪的世界大战刺激了工程管理和施工技术的发展。项目规划新技术和普通项目管理新方法不断涌现。1917年，橄特将直方图用于法兰克福特兵工厂的生产调度，成为项目管理的基本工具。现在仍然广泛应用，并未发生实质性的变化。1918年，怀特提出的关键路径分析技术，能说明各种活动之间的相互关系，在现代项目管理中仍然扮演着重要角色。[1]

　　项目管理的许多原则和方法虽然创始于20世纪上半叶，但是现在项目管理也就只有30～40年的时间。曼哈顿原子弹项目(1940～1945年)，所采用的项目管理方法和技术成为后来许多项目的典范，如北极导弹项目(1955～1960年)，阿波罗登月项目(1960～1970年) 等。当前，道路桥梁不断开工建设、高楼大厦不断兴起、计算机系统已形成网络、大型购物中心和城市建设项目不断推出，项目管理作为一种专门职业的趋势日益明显。在项目设计和施工过程中，应用项目管理的原则和技术可以不必靠运气来获得良好的结局。

项目管理技术和方法　　　建筑特别学院[2]在其所制定的《项目管理法令》中对项目管理是这样定义的：

　　项目管理就是对某个项目的总体规划、合理安排和合理调控，从项目接受开始，直到完工为止。目的是满足客户需求，创造无论在功能上还是财政上都充满活力的项目。同时使项目能够按期完工，不突破成本预算，达到预定的质量标准。

换句话说，一个"项目"就是创建某种特殊结果的过程。项目管理就是对这一过程的合理安排和调整。项目还可以看作是非日常性的活动，是具有时间、成本、质量和目标限制的单项工作。像项目这种具有明确起止时间的活动通常牵涉很多方面的内容。它比"通常的商业活动"所承担的风险要大，有时能成为巨大变化的推动力。

与前面几章中所谈到的城市设计方法相类似，在项目管理意义上的某项专门工作可以划分为四个阶段，即项目定义阶段、项目规划阶段、项目实施阶段和项目完工阶段（图8.2）。下面就对这个四个阶段分别加以叙述。

项目定义阶段

大多数项目来源于发展规划需求、个人或机构投资。在项目管理当中，最初提出项目设想的个人或机构称为客户或发起人。客户负责提出项目要求、提供投资、设定完工标准、评价项目进展和项目环境，保证项目预期利润的实现。

在项目早期阶段，客户作出一系列的假设，来回答下列问题：

1）为什么要考虑此项目？

2）该项目能为机构或业务带来哪些收益？

3）最低目标是什么？

4）主要限制因素有哪些？

5）完工标准是什么？

6）按时间、成本和质量表现来考察，哪些是相对优先考虑的？

项目目标一旦确定下来，将项目付诸实施的各项措施也应随之确定。鉴于此，在项目定义阶段，第一步就是要提出一个明确的目的说明。用项目管理的术语来说，就是客户需求定义（CRD）。客户需求定义是客户关于项目目的的正式声明。项目范围、项目所要达到的基本目标以及开展此项目的理由，都在客户需求定义中有概括地介绍。

客户需求一旦确定下来，客户就应该把精力放在项目的实施上。在这个阶段，通常要任命一名项目经理（视项目大小而定），由项目经理去组织项目的实施，以满足客户的愿望。项目经理应与客户就各种候选方案进行商讨，展开可行性研究，确定所要采取的最佳路线。《项目管理法令》强调，作为客户代表的项目经

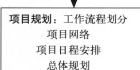

项目定义：策划文件
技术要求
分析、研究、思考
机构与控制

项目规划：工作流程划分
项目网络
项目日程安排
总体规划
投资规划

项目实施：监控程序
项目评价
产品评价
变更监控

项目完工：完工程序
移交程序
完工计划
培训
完工后评价

图8.2　项目阶段划分

理，有责任从事相对独立的各项活动，如选择、联络、对各种不同的人员和专家进行管理，以及与成本效益相关的各项服务，以实现项目所设定的目标。项目经理的各种服务性活动必须要赢得客户的满意，随时随地捍卫客户的利益。可能的话，也要考虑项目完工后终端用户的需求。[3]终端用户或项目的购买者有可能就是当地社区。应设法让社区成员参与到项目的开发建设中来，特别是当社区就是目标用户时更应如此。关于这方面的内容，在前面有关章节中已经讨论过。

在城市设计领域，项目经理也可以是设计小组的负责人。当然，这还要看项目的性质、客户的兴趣以及客户选择专家余地的大小，才能作出最终决定。项目经理虽然接受教育的背景不同，但是都有责任对项目工期、项目成本和项目进行情况进行监控。为了实现有效监控，重要的一点就是要准备一份项目简介，用项目管理的术语来说就是项目需求定义(PRI文件)。

项目需求定义是有关项目的完整的定义性文件。图8.3~8.4列出了它所应包括的内容。图8.4的内容主要考虑的是如何才能有一个完美成功的结果。

图8.3　客户需求

> • 客户目的、规格标准和项目描述
> • 项目优先问题或战略目标
> • 项目目标（时间、成本和质量）以及它们的相对优先度
> • 限制性条件和成功标准

图8.4　项目需求

> • 项目范围
> • 项目的可移交性
> • 功能性需求，以满足预定规格标准
> • 终端产品的接受标准
> • 项目确认和编码
> • 最终产品移交所需要的各种前提条件

通过主策划文件，项目经理可以获知客户的决定，并获得对项目管理的全权授权。主策划文件相当于在客户和项目经理之间建立了某种合同关系，确定了变更底线。同时，它又是制定详细项目计划的起点，还可供项目后期的评价和审核参考。商业行业所使用的"项目需求定义"在很多方面与城市设计师所提出的共同设计简介相同。在最终结果评价中有了可以衡量的标准，设计简介的生命力会大为增强。随着项目的进展，对项目最终结果的监控逐渐减弱，修正所花的时间成本或者说改正错误的成本增

加。早期定义的重要性,以及与项目进展相反的变更范围与变更成本之间的关系见图8.5。

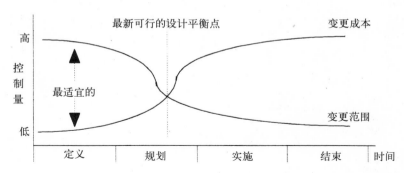

图8.5 变更范围与变更成本之间的关系

在此阶段进行项目风险评估是必要的。对项目在质量和数量上可能造成的损失进行评估确认,就称为风险性分析。风险就是有可能产生的不利结果。风险形式多种多样,但通常都带有物质和资金特征。物质风险是指货物和财产的损失,资金风险是指资金的损失。大多数项目,包括城市设计项目,都是一种商业性的投资,所担心的主要是资金的损失,而不是物质风险。遇有物质风险时,项目经理应考虑投保。风险性分析可以进一步增强对项目的理解,以便在投资和时间安排方面,制定更切合实际的计划。通过风险分析,可以发现谁能解决所面临的风险。同时,还可以对能反映风险实际情况的意外事故进行评估。

风险既有内部的,也有外部的。内部风险举例见图8.6,外部风险举例见图8.7。

内部分析、外部风险,以及它们对项目所产生的影响都需要进行评估。外部风险常常比内部风险更难于对付。项目经理通常能够对内部风险加以控制,但对于外部风险只能是被动地应对。

图8.6 内部风险

- 项目的目的:过于庞大
- 项目计划:有些活动可能不易实现,对各种活动之间的相互关系理解不深
- 项目组织:组织不合理,管理不善
- 项目方法:有可能无法进行有效的监控

图8.7 外部风险

- 客户:支持有可能撤回或者随项目进展而受干扰
- 市场环境:市场走向发生改变,使项目吸引力降低
- 供应环节:供货商可能不能按期供货,或者受行业矛盾的影响
- 竞争:竞争对手有可能提出更具竞争力的标书或在邻近地区开设更具竞争力的项目

一旦发现风险的存在,项目经理就应采取措施来减少它对项目的影响。第一步,可以先确认和评估风险。第二步,对风险进行处理,将不利影响减少到最低程度。第三步,监测和评价处理效果。通过风险评估可以确认风险在数量和性质上的影响程度,预测它们可能产生的结果。这种工作可用风险评估表来做。通过风险评估表,可以知道哪些风险最有可能发生,应该采取什么样的措施来消除或降低风险(图8.8)。

风险描述	风险评价			成本			风险等级	高风险管理措施
	高	一般	低	高	一般	低		
规划许可被拒绝		是		是			5	联系有经验的规划师
建设延期	是			是			6	寻找补救措施
建设事故			是			是	2	投保
未预见到的地下情况			是	是			3	对地下情况进行调查

图8.8 风险分析表

大多数风险评估最终都与资金相关,最常用的风险评估技术就是资本特征法。[4]该技术主要包括以下几种:
1)平衡点分析
2)成本收益分析
3)多标准分析

上面三种技术有的已在前面有关章节中介绍过。风险分析完成后,就应制定相应的措施,将风险对项目的影响减少到最低程度。这称为风险管理。

图8.9是一些常见的风险管理策略。

对于高风险性项目应密切监控。对某些例外情况、里程碑式的阶段性成果或目标成果要特别注意。关于监控技术将在本章的后面部分中介绍。风险分析是一项重复性工作。在项目期内至少应再进行一次风险评估。因为项目期内情况可能有所变化,或者

- 增加意外事件投资:发生风险时,额外增加投资
- 规避风险:把风险转嫁给次一级合同人或客户
- 减少风险:通过试验或其他措施,在完工之前及早发现技术上的风险
- 投保:如果风险具有某种统计上的特性,可以投保

图8.9 风险管理策略

在原来的风险性分析和意外事件处理计划中需要对风险性等级进行修正。

在项目定义阶段为项目制定了一个大体框架,使项目能够有效地得以执行。在这一阶段,诸如项目简介、项目组织机构、监控体系、风险分析和项目界面都已建立起来。在这上面所花的时间和资金会通过项目的成功实现而得到补偿。

项目规划阶段

在项目规划阶段,就是要把项目的总体目标转化成各个单项的活动,通过逻辑安排来达到所期望的最终目标。诸如进程、完工期限、资源、预算和投资限制等要求都必须说清楚。规划阶段的最终目的是为项目制定一个完整的计划。为了做到这一点,就应该按照一定的方法来进行。常用的方法有工程分解构造法、项目网络法、项目进度法和成本规划法。

工程分解构造法是将项目所涉及的各种活动,包括主要活动和次要活动制成一张表格。表格进行了预先设置,可以清楚地确定符合项目要求的各种实际工作。每一项主要活动都划分为次级、再次一级的各项子活动,以此来完成对项目范围的确认。运用工程分解构造法,各项工程要素就与项目的总目标建立了有机联系。工程分解构造法有助于工程打包,建立成本分解结构、组织分解结构和项目评估,促进项目网络和项目路线的发展。在工程分解构造法中,要清楚地指明某一项活动是否可以转移。实际上在工程分解构造法中,当所有的活动都确定下来后,项目就完成了。工程分解构造法帮助解决了干什么、由谁来干、怎么干和什么时候干的问题(图8.10)。

工程分解构造法中的关键路径也就是项目网络构建中最常用的一种技术。各项活动都确认以后,就可以构建一个网络,

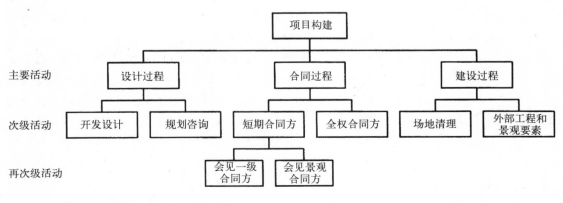

图8.10 工程分解构造法

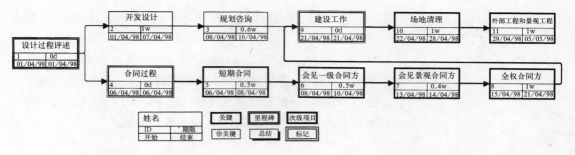

图 8.11　关键路径图

表明各项活动之间的相互依赖关系。还能找出对项目的按时完工起关键作用的因素。这一活动序列称为关键路径，决定着项目完工所要花费的时间。任何一项活动的拖延都会导致整个项目的拖延。

对于简单项目，通过各项活动的期限及其相关路径就可找到关键路径。对于复杂项目，则可以用项目管理软件来进行计算。把项目的各项活动构建成为一个网络，就可以找出那些对项目的成功起着关键性制约作用的因素。通过对关键路径上那些能影响项目进程的因素的关注和调控，可以使项目的工期得到优化（图 8.11）。

工程分解构造和网络一旦建立起来，就可以制定项目日程了。项目日程安排含有在给定的时间和给定的资源条件下保证项目完成的关键信息。如果在以后的其他阶段确定这些关键信息，就会造成项目的拖延。

橄特图或直方图在项目各项活动的日程安排方面很有用。它以图表的形式列出了各项活动的工期，包括开始期和结束期（图 8.12）。通过橄特图可以知道对某项给定的活动由谁来负责，可以显示关键事件和项目阶段性成果。通过该图可以更好地对项目进行理解，发现管理工作的重点。即使最复杂的项目，也可用橄特图将项目的各种活动置于可管理、可评价之中。因此，橄特图在项目的总体规划中很有用。

项目计划须包括支出计划，以更好地估算最终成本。有了支出计划，可以知道什么时候花钱，花在什么地方。它是最终预算和支出限制的基础。支出计划应包括现金流动计划和以总体方案为基础的支付计划。意外性支出、专项费用、直接支出和其他运转性支出都应包括在支出计划当中。支出计划有助于建立起项目在各个阶段的详细支出控制。

做项目计划时，项目规划小组的参与非常重要。约翰·哈维琼斯曾经对两家公司进行过考察，一家为英国公司，另一家为日

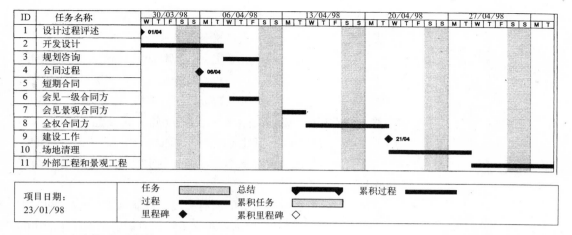

图 8.12 一个建筑项目的橄特图

本公司。两家公司都是为ICI建造化工厂,工厂的大小和复杂程度几乎相同。分析发现,当英国公司已经盖到房檐的时候,日本公司才刚打地基。但是,最后日本公司领先英国公司递交了运转完善的工厂。当英国公司忙于建造的时候,日本公司仍然在进行筹划。一种可能的解释就是,日本人采用了"利己"规划体系。[5]在这一体系中,候选方案在相关团队中传阅,每个人都可以自由地发表意见,进行修改。这一过程在各团队和团队成员之间反复进行,直到大家对候选方案完全同意为止。候选方案一旦被采用,大家都全身心地投入到候选方案的实施之中。

项目的实施不管采用什么样的管理体系,有一点是清楚的,那就是高效率的团队创造成功的项目。项目管理虽然强调监控,但同时也强调团队中各个成员之间的融合,鼓励他们发表自己的意见,推动他们向既定的目标迈进。项目组必须调整自己的工作方向,朝着支持项目经理更好地履行职责的方向发展。要使项目组更好地发挥作用,项目组的思想和意识就必须传达到所有关心项目的人。有了明确的、可以进行评判的项目目标,项目组每个成员所扮演的角色和责任就都有了明确的定位,这个团队必定是一个成功的团队。

团队成员常常意识不到自己对项目所做出的贡献,而且在大多数情况下遇到与项目相关的问题时,倾向于自我解决。尽可能地使团队成员对项目有充分的了解,使他们意识到各项活动和任务之间是相互关联的,可以有效地避免上述情况的发生。作为交流工具的工程分解构造、项目网络和关键路径技术,可以充分地显示出每个人对项目的贡献。促进团队工作的方法有许多种,如问题消除法、大脑风暴法、参加社会活动、鼓励团队内部信息的相互反馈、定期表现评价以及团队建设培训等。工作环境的改善可以促进思想的交流和责任义务的共享，最终也会使项目收益。

从上面的论述中已经看出，制定明确的目标是保证项目团队成为一个高效一致团体的前提。目标必须切合实际，有挑战性，需要花费一定的功夫，大家都能认可，并以书面形式呈现出来。首字母缩写词SMAR是指专门性、可测性、可及性、相关性（与项目总体目标相关）和时间性（有明确的时间进程表和完成期）。当项目团队的所有成员都参与目标的制定时，才可能制订出最好的目标。

为了保证与项目有关的所有关键材料能够放在一起，通常都要建立一个项目手册。以后各种文献的起草制定都得以手册中的文献为主要参考材料，项目经理管理下的每个人都应该能够接触到这本项目手册。有关项目的所有情况都应该保留在手册中，并适当地分节组织。项目手册中经常包括的一些内容列于图8.13中。项目手册从项目开始那一天就应建立，并且在项目周期内不断更新填充。[6]

> - **资金信息**：包括授权合同、项目开支、账单、预算和现金流动记录
> - **计划监控信息**：包括高层项目规划、总体思想、进程和质量监控评价记录
> - **标准**：包括专项标准、变更授权和与既有标准的差异
> - **项目人事信息**：包括与项目人事相关的各种详细信息，如关键日期、经历、联系方式等
> - **日记和会议记录**：包括项目日志和会议记录，如职位任命、关键决策、关键事件、评论报告和项目统计等
> - **项目文件**：包括客户需求定义（CRD）、项目需求定义（PRD）、设计报告、技术规格、试验规程和公函
> - **其他文件**：在上面各节中不能包括的某些专门材料，如办公设施租约、活动房屋建造和通信联络

图8.13　项目手册内容

项目实施阶段

项目成功的关键，就是切实履行项目计划，并及时跟踪项目进展。良好的组织领导、团队精神，以及看得见的成果，都有助于项目的成功完成。为推动项目的顺利实施，有必要看一看影响项目实施的各种因素。可以将这些因素分为两大类，一类是驱动性因素，对某些关键环节具有支持作用，促进项目的顺利完成；另一类是限制性因素，对项目的实施起限制和阻碍作用。经过分析，对于那些限制性因素可以采取一定的措施，减少其影响；对于那些驱动性因素，可以增强其影响（图8.14）。

驱动型因素	采取的行动
1.政治支持	1.游说政治人物
2.项目提供者	2.同意促使项目实施的基本策略
3.受益社区	3.建立社区协商平台
限制性因素	**采取的行动**
1.压力团体	1.向施工方提供进一步的信息，澄清误解
2.现金流动限制	2.检查支付情况
3.团队成员的冷漠	3.进行团队建设训练

图8.14 驱动性和限制性因素表

项目在实施过程中，很少严格按照所计划的那样运行。因此，就得不断地对项目计划进行更新。更新以后，应该能够评估更新变化对关键路径的影响以及由此带来的工期的拖延。由于各方面的原因，项目可能会发生变更。常见的原因有：原估计误差，未预见到的材料价格、劳力价格和服务价格的升高，原计划或规格尺寸的变更，以及时间和支出的超限等。

为保证项目按计划日程顺利运行，必须对项目的进展情况进行监控和评价。监控和评价的方法主要有两种，一种是"进度评估"，另一种是"产品评估"。

"进度评估"的目的是为了了解项目进展情况，并将之与原计划相比较。与原计划有出入的地方应特别注意，并考虑采取修正措施。通过进度评价所采取的任何措施，应该都是为了修正误差，而不是企图对已有结果进行处理。进度评价过程中一旦发现问题，首先要弄清问题的性质。然后，从团队中挑选出一名成员，专门去解决这个问题，限定时间，并有专门的报告反馈机制。

"产品评估"需要许多人参与，这些人可以来自不同行业。某项专业设计评估，参与的人可以是项目经理、设计师和外聘专家。评估时间取决于项目的日程安排。产品的生产活动完成或完成一部分时，就可以进行评估。产品的评估可以与付款联系起来，因为付款之前必须验明产品是否达到既定要求。通过产品评估，可以尽早发现所存在的风险、缺陷或错误。在城市设计中，项目通常分阶段来组织实施，每一阶段都有其特定的任务以及与之相关的分析、图纸和模型。每一主要阶段结束后都可以进行进度评估，以便及早发现设计中的缺陷，及时修正。

项目经理作为客户方和设计方的代理人，其职责是保证最终产品能符合规定的技术规格要求，决定某项工作是否圆满地完成进而转入下一步工作。有时需要作些修正才能使项目继续进行。如果变更失控，变更速度超过项目的正常进展速度，就会对预算和投资带来意想不到的困难。失控的变更常会导致对项目信心的丧失和项目团队成员士气的损害。

项目变更从确认、评估到批准，必须有一套严格的正式程序。对变更的同意或拒绝都应有正式的文件记录，并征得客户的完全授权。项目经理有责任对变更程序进行控制，并对变更的实施进行监控。某些变更一旦被接受，项目需求定义文件和项目计划都得及时更新。

变更控制文件应包括变更申请表（图8.15）、变更评估表和变更登记文件。变更控制对项目的成功至关重要，必须分类保管好，以免引起投资争议和项目后期实施阶段产生诉讼纠纷。

在项目实施阶段，为了加强对施工的控制，应定期召开会议，就项目进展情况以及所取得的成果进行评估，并安排下一步的工作。

变更申请表

项目 ID	日期
客户 ID	分布表
项目名称	
变更描述	
变更提出人	
变更原因	
变更审批	审查／未审查
支出和时间	
变更支付方	
评价	
客户授权	日期
修订了总体规划的支出规划	
施工变更	

图 8.15 变更申请表

项目完工阶段

正如本章开头所指出的，项目管理的最终目的就是在规定的工期内，按照成本和质量要求圆满地完成各阶段的工作。项目结束阶段的主要工作有，与外部供应商和合同方结束合同，提供最终项目财政报告，完成项目手册的填写。

在项目完工计划中，项目经理必须详细地写明完工和移交程序，比如工程的接收、未完成的工程或有缺陷的工程的进一步继续完成、委托和测试报告、维护程序和使用说明等，都应当有详细的说明。项目管理人员和用户的培训也应包括在项目计划中。

项目完工阶段，另一项重要活动就是制定一份"项目完工评估"，为那些参加该项目的人提供参考资料。进行项目完工后评估的目的，是对整个项目过程进行回顾审视，看看有哪些经验教训值得吸取，是否完全达到或部分达到客户要求。评估结果通常形成一个专门的报告。多数情况下，仅靠一次评价无法判断是否实现了战略目标或商业目标，因为多数项目都是长期性的，需要延续好多年。然而，项目计划当中某些关键要素的优势和不足还是可以评估的，从而可以为未来类似项目提供借鉴。不过，在项目周期的这个最后阶段，最重要的事情就是要对项目的完工进行适当的庆祝，对那些在项目的确认、规划和实施过程中做出贡献的人士表示认可和感谢。对完工项目的庆祝就是对人的工作价值的承认。

项目管理软件应用

在项目管理中，计算机技术已得到广泛的应用。紧跟计算机在项目管理中的发展状况，选择合适的软件用于项目管理就很有必要。有一点特别重要，就是团队成员所使用的系统必须具有兼容性才能实现数据的交流。电子邮件等都是当前发展起来的快捷的交流方式。

项目管理软件可以帮助进行时间和成本核算。通过项目管理软件可以找出在项目计划当中哪些是管理的重点，并且对各个阶段的情况可以用图示的方法表达出来。选择软件时要考虑到它的功能、用户友好性，以及所需要的培训情况。还要考虑到它的质量和性能以及价格的高低。

当前，最常见的项目管理软件有 CA 超级项目（CA Super-project）、微软项目(Microsoft Project)、时间曲线(Timeline)和项目经理平台(Project Manager Workbench and Schedular)。这些软件大多价格合理、功能齐全。在用户友好方面，微软项目可能是最好的，用它可以非常有效地进行项目的形象视觉化展示。它有相关的表格和数据库，能够处理复杂的大型项目。软件不断地进行更新，功能改善的新版本会不断出现，购买时要慎重考虑。购买之前，要先对各种软件进行试用，看它在培训、售后服务等方面是否能使项目经理满意。

项目经营: 新型项目管理模式

本章前面部分已经提到，项目管理的发展与工程管理以及国防和空间科学系统工程管理都是密切相关的。随着现代管理理论，特别是组织设计团队建设理论的发展，项目管理科学日臻完善。计算机技术的跳跃式发展及其使用的简单化，使项目运行的各个方面都获益匪浅。没有这些技术的发展，本章中所介绍的有关项目管理的各种技术和方法，就不可能得到成功的应用。传统项目管理中的某些要素，在今天的项目管理中可能不再特别重要了。[7] 在实用主义的项目管理中，对政治势力的管理、与项目进度安排有很大区别的决策时效性理论、有效协商的作用、咨询安排、环境问题以及可持续发展战略等常常被忽视。为了项目经营的成功而出现的现代新模型可能更适合于城市设计。它涉及的范围更广，远远超出了"项目管理"所定义的狭窄领域。在"项目经营"中，不仅仍然涉及传统项目管理中的一些中心论点，而且还涉及到战略、政策、伦理道德、标准和环境等一系列新要素，而这些都是与项目运行相关的可变因子。

个案研究：伯明翰东区更新改造项目

经过有效的项目管理，伯明翰在城市更新复活方面树立了光辉的榜样。位于运河边上的布伦德利（Brindley）项目完成后，下一个目标就是位于市中心的东小区的更新改造。该项目是欧洲最大的更新改造项目之一，包括的内容有新商业区、零售业区以及娱乐和住宅开发，还有与学习、技术和文化遗产保护等相关的各种活动和开发项目。[8]

该区曾经有一个规划，干了15年而不得不最终放弃。后来，经过土地所有人、大学和更新改造机构的密切合作，提出了一个新的8亿英镑的更新改造计划，以创建一个新社区。该区总体规划占地40公顷（图8.16）。东区改造计划包括数个大型项目，如世纪大厦（图8.17），投资1.13亿英镑；是科技、工程和学习中心，已于2001年启用。另一个中枢性的工程是新建一个城市公园，是自19世纪末以来伯明翰历史上第一个城市公园。该公园与世纪大厦相邻，其内的人行道网将东区与市中心其他地区连接了起来。该公园的建设扩展了市中心的范围，为一些新地标性建筑提供了更多的机会。例如柯逊大街车站（图8.18），一座一级建筑，它在一个公园地区重新找回了焦点地位。

考虑到东去的视觉效果和伯明翰经济的多样性，还计划建立一个世界级的学习中心。阿斯顿大学和英格兰中央大学的现有建筑和设施，再加上地标性建筑城市新图书馆，构成了知识环境开发的基础。这里包括了有关教育的各个方面。学习区建设的主要考虑就是使学校与市中心区的商业活动建立联系，鼓励学生从当地的经济活动中寻找踏入石，进行学习培训，最终走上就业岗位。马斯霍斯马戏场(Masshouse Circus)开发改造也将东区与市中心连接了起来。马斯霍斯马戏场以它的"钢筋混凝土领圈"似

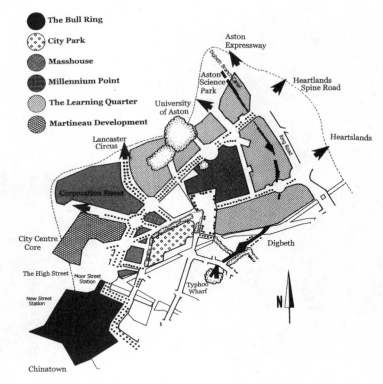

图 8.16　东小区的更新改造

图 8.17　世纪大厦

图 8.18　柯逊大街车站

图 8.19　"公牛环路"的拆除

的环道而著名，多年来一直没有开发和投资。把环行路的抬高部分拆除，建设一条城市林荫大道，也是开发改造内容之一。其他开发改造项目还有，将 20 世纪 60 年代建成的"公牛环路"拆除（图 8.19），改造成多条街道，创造新的公共空间，重新激活历史地标性建筑圣·马丁大教堂周围的市场和参观旅游活动。该项工程计划投资 4 亿英镑。它的实施，对伯明翰市最难看的景观将起到难以想象的改善作用。通过该项目，可以挤出 $10hm^2$ 的土地用作零售商业、娱乐业和公共空间用地。该项目计划到 2003 年完成，预计可创造 8000 个就业岗位。

经过上述开发改造，伯明翰市在视觉景观上将有很大的改善。而且各个分项目相互配合，形成了一个大型开发项目。在这个大型项目中，包含了本章前面部分中所提到的一些关键阶段，如项目定义阶段、项目规划阶段、项目实施阶段和项目完工阶段等。通过这些方法可以看到，伯明翰市已经发展成为欧洲最具吸引力的城市之一，实现了城市开发改造在经济上的可持续性。东区的更新改造为欧洲未来的城市更新改造树立了典范。从东区的开发改造中可以发现，对于一个令人烦恼的工业区，应该如何将其改造成高质量的开发项目，从而创造出新的就业岗位、新家园和新投资。

结　论　　　本章对项目实施过程中的一些问题进行了介绍。本书中所讨论的有关项目管理的方法和技术，可以用来解决设计方法中的一些一般性的问题，如设计思想的产生、相互之间的合作、公众参与和环境保护等。项目的实施，正如它的本性所揭示的那样，常常需要一些粗暴的方法来拒绝反对意见，向着既定的目标推进。这种激进的工作方式源于战时的经历。反映战时来源的马歇尔术语移植到商业管理上来，就表现为：问题攻击、战略策划、资源整合和目标瞄准。只有当施工设备进驻到施工现场以后，施工阶段才能与其他阶段有明显的分别。本章采用了这个宽泛的施工概念，并且从一个项目经理的眼光来审视项目。城市设计师所面临的困惑在于，如何在严峻的现实和设计过程的创造性特性之间建立一种良好的配合关系。市场价值的限制、投资活力和投资价值都是项目所要面临的严峻现实。追求正确的目标，也就是本书中所说的可持续性发展，比追求那些误导性的目标更加困难。不管怎么说，在项目经理的脑子里一定要有项目的环境目标。

参考资料:

1　Urwick, L. and Brech, E. (1970) *The Making of Scientific Management*, New York: Pitman.

2　Chartered Institute of Building (1996) *The Code of Practice for Project Management*, London: CIOB and AW Longman Ltd.

3　*Ibid*.

4　Brigadier, G. and Winpenny, J. (1987) *Planning Development Projects*, London: HMSO.

5　Bevan, O. (1991) *Marketing and Property People*, London: Macmillan.

6　Morris, P. (1994) *The Management of Projects*, London: Thomas Telford.

7　Nottinghamshire County Council (1993) *Project Management Framework Document*, Nottingham: Nottinghamshire County Council.

8.　Birmingham City Council (1999) *Eastside Story - Developing the Future*.

第九章 结 论

　　本书主要对城市设计过程和城市设计方法进行了论述。当然，并不能包括所有城市设计技术。本书中在介绍有关技术时，主要是为了阐明城市设计过程和设计方法。在这样一本小册子当中，有些问题只是简单地提了一下，而没有做详细的回答和解释。诚邀读者对书中明显矛盾或迷惑的地方进行认真思考。本书所论述的城市设计方法并不是结论性的研究，而只是对这一主题的简要介绍。更详细的内容，例如各种城市设计方法的作用等，还需要读者自己去进行思考和研究。

　　术语"方法"和"技术"在第一章中已进行了定义。于是，城市设计方法被置于一套理论框架之内。书中所推荐的方法都是提要式的。城市设计则是以理性主义的观点为基础，按照由项目目标和要求所设定的一套标准对候选方案的评价过程。本书中所介绍的方法起源于理性主义和实用主义哲学，但是也考虑到了对那些定义不恰当的问题寻找解决方案的困难性。对于这类问题需要通过对话的方式，用辩证方法去解决。经过多次反复，问题会越来越清楚。本书所介绍的方法主要基于以下几个过程：目标定义、调查分析、候选方案的提出、候选方案评价和方案的实施。然而必须承认，设计过程并不是线性进行的，而是不断回复循环的。有时需要回返好几步，重新收集数据，重新进行分析评估。

　　提要式规划方法是一个自上而下的过程。设计任务可能来自上层部门，如政府部门、地方当局或市议会。在进行规划设计时，就得首先符合这些部门的要求。公众参与也是可持续性发展的中心议题，同时也是城市设计的一个目标。公众参与，特别是当一部分权力已转交给公众时，就意味着出现了一种离心式的管理模式，一种"自下而上"的规划设计模式。当一个城市采用理性主义的、提要式的规划方法进行设计，而其邻近地区则采用共享式的方法进行设计时，如在第六章和第一章[1]中所提到的贝尔法斯特市市场区，问题就出现了。提要式设计方法和共享式设计方法之间的这种冲突没有简单的解决办法。最好的办法就是根据设计对象的实际情况，从实用主义的角度去解决。

设计简介的协商过程在第二章中作了介绍。设计过程中的其他各种协商活动都以此为起点。对开发商来说，初期的调查工作就是拜访地方当局，了解某地区的开发潜力和开发要求。经过长时间的规划调查和场地分析，地方当局及其设计人员可以向开发商提供开发建议。设计简介通常都要阐明项目的目的和目标，有时还伴有一份土地使用计划。初期的设计简介可以不包括与开发监控相关的一些难点问题。开发商与地方当局之间所达成的开发战略可以减少未来争执，使项目更加有效的实施。尽早了解项目的成本概算情况，以及土地集中和资金支持所必需的程序，有助于项目的有效实施。因此，在第二章中就对有关的程序过程进行了概括介绍，如土地集中、土地获得、强制性购买条款、开发场地评价、资金评估，以及公共和私有资金在其他方面的投资趋向等。

第三章和第四章概括地介绍了与项目开发直接相关的信息收集和分析技术。第三章重点探讨场地调查技术，包括场地的历史发展、城镇景观分析、城市的可辨识性、渗透性研究和视觉分析等。项目本身的特性决定调查的范围和调查的重点。可持续性发展设计所最关心的问题是对建成环境的保护、能量使用和日常所需的自给自足，以及高质量的社区环境。对某些现有结构进行评估调查和充分理解当地文化遗产的价值特别重要。当地居民对环境的感觉嗜好也不可忽视。对大多数城市开发项目来说，场地形象和可辨识性也是基本调查内容之一。第四章介绍了两种城市场地分析技术，即地理信息系统（GIS）和空间结构方法。

只有对场地的现状、未来发展趋势和相关的限制条件有充分的了解，才能有令人满意的开发结果。通过优势、弱势、风险和机会分析会使问题的性质变得更加清楚明白。

第五章讨论了用于产生候选方案的理念创造技术。在这些技术当中，首要的就是要创建一种合适的类比艺术。城市有机模型是和城市可持续发展相关的最为有用的模型。生态系统概念能够对城市规划和城市设计提供切实可行的指导。书中介绍了几个研究个案，展示了有机类比思想在城市设计中的应用。比如挪威的生态城市是城市可持续性发展研究的标志性成果。公众参与在可持续性开发中占有重要地位。通过诺丁汉郡纽瓦克市的个例研究，展示了公众参与局部环境创建的方法和途径。设计理念的提出是专业设计师的任务。如果这一设计的中心问题——设计理念由外行人提出，就会带来一系列难以回答的问题，比如，产生争执的时候，谁的意见占主导地位？如果一些建立在种族和宗教基础之上的、普遍被接受的观点被排除怎么办？目标相互冲突的两个社区发生争执时，谁来进行仲裁？如果说设计师不搞设计，那么他（她）应该扮演什么样的角色？

第六章介绍了几种城市设计项目评价技术，如"回报法"、"回报率法"、"现金流折现法"等。选用的材料和方法基本上是社会学中常用的材料和方法，如成本收益分析、计划平衡单、环境影响评价和投入产出分析。城市设计中的技术评价常须与建筑和工程方面的专业知识相联系，在这样一本小册子当中，处理这类问题不太合适。

城市设计项目的实施使一部分人在物质、社会或经济上受益，而另一部分人可能就会有所损失。对环境的污染、不可再生资源的不当使用，以及对动植物群系的破坏，这些成本代价难以直接计算，也不易觉察得到。为了可持续发展，就必须实现代间和代内开发成本和开发收益的平衡分配。可持续性发展的目标之一，就是追求代间和代内的平等性。为此，在第六章的结尾部分，介绍了一个意大利南部的研究个案。该研究对卡拉布里亚"地中海综合开发项目"所带来的收益分配情况进行了评估。通过评估清楚地发现，相对更贫穷的高地地区所得到的收益远低于相对富裕的沿岸城镇。项目的实施扩大了贫富之间的差距，从这个意义上来说，该项目没有达到可持续性发展这一中心目标。

第七章和第八章讨论的是城市设计项目的实施，并用一个较短的篇幅介绍了思想方法问题。任何城市开发或改善的设想如不付诸实施，都只能是空想。项目计划能否付诸实施，重要的一个方面就是要看设计师的语言表达能力，看他能否清楚地、富于想像和激情地把设计思想表达出来，进而得到开发行业关键人物的支持。第七章概括地介绍了用于城市设计理念表达的主要工具。特别讨论了报告写作风格、有效的公共演讲，以及图纸、三维材料和计算机的使用等。

第八章仍然讨论了项目的实施问题，并概括地介绍了项目管理技术。本章特别强调从项目一开始就应该考虑到项目实施问题，虽然项目的实施主要在项目的建设阶段。从某种程度上说，第八章是第一章中所介绍的设计方法全部过程的镜像，同时又对第二章的内容进行了强调。在项目的初期就制定一个宽泛性的开发日程，可以对项目的全部进展情况有一个大致的了解，有利于项目的实施。本章末尾介绍了一个研究个案。项目位于伯明翰东区，通过有效的项目管理成功地完成了该地区的更新改造。

　　本章提出了设计过程监控的问题。是按照传统的建筑师——客户之间的关系由设计师来监控？还是另外创建一个管理监控层次，由成本效益和环境可持续性方面的专家来代替客户，负责整个设计过程的监控？本章还提出了设计开发团队的组建和各个成员的作用和地位问题。

　　项目管理是目标导向性的，通过最直接的策略和方法主动地追求项目的完美实现。项目经理所从事的这一思想单一的工作，与那些软性的、装饰性的和非直接性的工作有明显的不同。在项目设计过程中，其他阶段能适用的方法在实施阶段也不一定能行得通。项目的成功实施需要花时间进行合作、协商和咨询。成功的城市设计方法，很可能是两种针锋相对的观点的融合。一方面，对于未来世界要充分进行想像和梦想；另一方面又要进行必要的训练，以实现梦想。

参考资料：

1　　See also Moughtin, J.C. (1992) *Urban Design: Street and Square*, Oxford: Butterworth-Heinemann.

图片来源

作者和出版商要感谢所有授权本书使用图片的人士。在出版本书的过程中，我们尽力寻找所有的插图来源，以获得完整的复制版权，但有个别图片的版权持有者我们没有找到，在此特向他们致以歉意。如发现本书有不妥之处，欢迎大家给予指正。

Fig. 1.1 Moughtin, J.C. (1992) *Urban Design: Street and Square*, Oxford: Butterworth-Heinemann, based on a drawing in Markus and Maver.

Figs 1.2, 1.4, 1.5, 3.3, 3.4, 3.5, 3.9, 3.10, 3.25, 3.26, 3.27, 5.9, 5.10, 5.71, 5.72 Moughtin, J.C. (1992) *Urban Design: Street and Square*, Oxford: Butterworth-Heinemann.

Figs 1.3, 1.4 Moughtin, J.C. (1992) *Urban Design: Street and Square*, Oxford: Butterworth-Heinemann, based on drawings in Wallace, W. (1971) *The Logic of Science in Sociology*, Chicago: Aldine-Atherton, p. 18.

Table 1.1 Naess, P. (1994) Normative planning theory and sustainable development, *Scandinavian Housing and Planning Research*, No. 11, pp. 145-167.

Figs 3.9 and 3.10 Wilford, M. (1984) Off to the Races or Going to the Dogs? *Architectural Design*, Vol. 54, No. 1 / 2.

Fig. 3.17 Barley, M.W. and Straw, I. F. (undated) Nottingham, in *Historic Towns*, Ed. M. D. Lobel, London: Lovell Johns-Cook Hammond P. Kell Organization.

Figs 3.18, 3.22 Beckett, J. and Brand, K. (1997) *Nottingham, An Illustrated History*, Manchester: Manchester University Press.

Figs 3.30, 3.31 Moughtin, J.C., Oc, T. and Tiesdell, S. (1995) *Urban Design: Ornament and Decoration*, Oxford: Butterworth-Heinemann.

Fig. 3.35 Bentley, I. *et al.* (1985) *Responsive Environments: A Manual for Designers*, London: Architectural Press.

Figs 3.36, 3.37 Cullen, G. (1961) *Townscape*, London: Architectural Press.

Figs 3.38, 7.10 From *Design of Cities* by Edmund Bacon. Copyright © 1967, 1974 by Edmund N. Bacon. Used by permission of Penguin, a division of Penguin Books USA Inc.

Fig. 3.39 Gibberd, F. (1955) *Town Design*, London: Architectural Press, Revised Edition.

Fig. 3.42 Holford, W. (1956) St. Paul's: Report on the surroundings of St Paul's Cathedral in the City of London, *Town Planning Review*, Vol. 27, No. 2, July, p. 61.

Figs 3.43, 3.44 Holford, W. (1956) St. Paul's: Report on the surroundings of St Paul's Cathedral in the City of London, *Town Planning Review*, Vol. 27, No. 2, July, p. 62.

Figs 3.54, 3.55 Lynch, K. (1971) *The Image of the City*, Cambridge, MA: MIT Press. © 1960 by the Massachusetts Institute of Technology and the President and Fellows of Harvard College.

Fig. 4.1 Batty *et al.* (1998).

Figs 4.9, 4.10 Tibbalds, F. *et al.* (1991) *National Heritage Area Study: Nottingham Lace Market*, Nottingham: Nottingham City Council.

Figs 4.21–4.27 Michael Hopkins and Partners.

Fig. 5.1 Hugo-Brunt, M. (1972) *The History of City Planning*, Montreal: Harvest House. (Drawn by Peter Whitehouse.)

Fig 5.2 Wiebenson, D. (undated) *Tony Garnier: The Cité Industrielle*, London: Studio Vista. (Drawn by Peter Whitehouse.)

Fig 5.3 Miliutin, N.A. (1973) *Sotsgorod: The Problem of Building Socialist Cities*, eds G.R. Collins and W. Alex (trans. A. Sprague) Cambridge, MA: MIT Press.

Fig. 5.4 Fairman, H.W. (1949) Town Planning in Pharaonic Egypt, *Town Planning Review*, April, pp.

32-51.

Fig. 5.7   Gibberd, F. (1955) *Town Design*, London: Architectural Press. (Drawn by Peter Whitehouse.)

Figs 5.5, 5.6   Mollinson, W. (1992) *Permaculture: A Designers' Manual*, Tagari Publications, PO Box 1, Tyalgum, NSW 2484, Australia; E-mail: permacultureinstitute@compuserve.com; Fax: 61-2-60-793 567.

Fig. 5.8   McKie, R. (1974) Cellular renewal, *Town Planning Review*, Vol. 45, p.286.

Figs 5.11, 5.12, 5.13, 5.14, 5.15   From *A New Theory of Urban Design* by Christopher Alexander and Hajo Neis *et al*. Copyright © 1987 by Christopher Alexander. Used by permission of Oxford University Press Inc.

Fig 5.16   From drawings by Gale & Snowden. Copyright © 1994 Gale & Snowden.

Figs 5.17, 5.18, 5.19   Photographs by Allyson Vernon for Gale & Snowden.

Figs 5.20–5.24   Drawings and photographs by Derek Latham and Associates.

Fig. 5.73   Summerson, J. *Heavenly Mansions*. Copyright The Trustees of Sir John Soane's Museum.

Table 6.1   Zoppi, C. (1994) *The Central Artery: Third Harbour Tunnel Project*, Rome: Gangemi.

Table 6.2   Glasson, J., Therival, R. and Chadwick, A. (1994) *Introduction to Environmental Impact Assessment*, London: UCL Press.

Fig. 6.1   After Glasson, J., Therival, R. and Chadwick, A. (1994) *Introduction to Environmental Impact Assessment*, London: UCL Press.

Fig. 6.3   Richardson, H.W. (1972) *Input–Output and Regional Economics*, London: Redwood Press Ltd.

Figs 7.3, 7.4   Hutchings, G.E. (1960) *Landscape Drawing*, London: Methuen & Co. Ltd.

Fig. 7.5   Wainwright, A. (undated) *A Lakeland Sketchbook*, Kendal: Westmorland Gazette.

Figs 7.6, 7.8, 7.9   Tibbalds, F. (1992) *Making People-Friendly Towns*, Harlow: Longman. Reprinted by permission of Addison Wesley Longman Ltd.

Fig. 7.7   Wiltshire, S. (1989) *Cities*, London: J.M. Dent and Sons Ltd.

Fig. 7.11   Drawing by Julyan Wickham. Reproduced by permission of Julyan Wickham, Wickham & Associates, London.

Fig. 7.18   Day, A. (1994) New tools for urban design, *The Urban Design Quarterly*, No. 51, p. 21.

Fig 8.1   Machu Piccu © South American Pictures/ Tony Morrison.